SUPER KNOWLEDGE

★ SUPER KNOWLEDGE ★

超级涨知识

北京市数学特级教师
司梁 主审

韩明 编著
张龙腾 绘

绕不开的数学常识

数字王国

1

电子工业出版社·
Publishing House of Electronics Industry
北京·BEIJING

目录

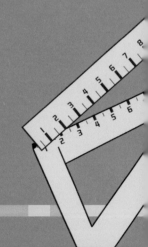

5

神秘的壁画图案——原始人的计数方式

快看，这里有许多像壁画一样的图案。

是啊，很多小直线，像是一堆木棍。还有牛、羊的图案。

让我们到岩洞里去发现数字的秘密吧！

这是谁画的？有什么特殊的含义吗？

这就是最原始的计数方式。原始人用尖锐的石块刻画出图案，记录打来的猎物和捡拾到的果实数量。

后来，原始人开始制作工具，获取食物就变得容易了许多，相比从前，食物种类更丰富了，数量也更多了。

古人如何计数——古埃及、古希腊、古罗马的计数方式

我比较好奇，大于 20 的数字，手脚都不够时，原始人该怎么办呢？

这丝毫难不住他们啊，他们用木棍和碎石子摆出数字，可是这种方式不容易保存，而且容易混乱。

禁止刻画

聪明的他们开始在岩壁上刻画出一道一道的痕迹，用以记录数字。

古埃及人没有 0 的概念，他们记录从 1 到 9 都是用画竖线。1 就是 1 条竖线，2 就是 2 条竖线，一直到 9。从 10 开始就用物品代表了。1 根绳子代表 10，1 卷绳子代表 100，1 朵荷花代表 1000，1 根手指代表 10000，1 只蝌蚪或 1 只青蛙则代表 100000。

| 10 | 100 | 1000 | 10000 | 100000 |

这个方式真有趣。

8

用他们的计数方式，我来记录数字1009吧！（提示：1朵荷花加9条竖线）

1卷绳子代表100，那5卷绳子就是500，我来记录更复杂的数字2548吧！（提示：2朵荷花加5卷绳子，加4根绳子，加8条竖线）

古希腊人曾用27个古希腊字母α、β、γ等在其上画一横杠来表示数字。其中，前9个字母分别表示1～9，中间9个字母表示10～90，后9个字母表示100～900，但是，按这种方式最大只能表示999。

最厉害的还是古罗马人，他们发明了简洁明了的罗马数字。

现在古希腊字母只剩下了常用的24个。

古代中国人对数学的两大贡献你们知道是什么吗？

不知道啊！你快告诉我们。

萌小灵，你快说说，别卖关子了！

中国是世界上最早使用十进制的国家。早在商代甲骨文中，就有十进制计数法了，比埃及早1000多年呢！春秋时期发展成熟的算筹，使十进制更加完善。

注释：十进制是根据"逢十进一"的法则进行计数的，每十个相同的单位组成一个和它相邻的较高的单位，这种计数法叫作十进制计数法，简称十进制。

"筹"是一种加工后的小棍子，有木制、竹制、骨制的，它可以按照一定的规则，灵活地排布于地上或者盘中。筹算时，一边计算一边不断地重新布棍。

十进制是一种便捷的计数方法，而筹是一种有效的工具。

我们的老祖宗真聪明啊！

厉害了！先祖们。

筹算

按照中国古代的筹算规则，筹算计数的表示方法为：个位用纵式，十位用横式，百位再用纵式，千位再用横式，万位再用纵式，这样从右到左，纵横相间，以此类推，就可以用筹算表示出任意大的自然数了。

数在哪里？——数的范围（2）

数字的演变是人类智慧的结晶。

萌小灵，我们现在使用最多的阿拉伯数字，是什么时候出现的呢？

古印度人的最大贡献是发明了"阿拉伯数字"。古印度人以雅利安人为主，他们是最早的游牧民族之一，统治地区辽阔，横跨欧亚大陆，且不断变化。为方便计算被统治的人口、军队、战马和物资的数量，他们不断简化计数方式，于是发明了"阿拉伯数字"。

后来，阿拉伯数字中的"0"位逐渐变得重要且实用，并演化出"十进位值制"记数法。

我们从上幼儿园时，就开始念读、书写这些数字，1、2、3、4、5、6、7、8、9、0。现在终于知道它们的出处了！

再后来，印度数字传入阿拉伯地区，又由阿拉伯人传向欧洲，欧洲人将其改进、完善，最终发展成我们现在看到的数字。人们都以为这些数字是阿拉伯人发明的，所以称其为"阿拉伯数字"。

没想到阿拉伯数字是古印度人发明的。

听明白了吗？我来给你们举个例子，来学习三位数，也就是上百的数字。
几百几十的组成方式：
（1）几个百和几个十合起来是几百几十。
（2）几百几十几的组成方式：
几个百、几个十和几个一合起来是几百几十几。

八万一千六百五十三！

我再来考你们个难的，这个五位数字怎么念——81653。

不错嘛！
再试试这个——20809。

两万零八十九？

再想想看，数字中有几个零？如果按照你的读法，这个数字应该写成20089。

读数时，如果遇到0，该怎么读出来呢？

从高位到低位一级一级地读，每一级末尾的0都不读出来，其他数位连续的几个0都只读一个0，所以20809应该读作两万零八百零九。

那对于这些成千上万的大数，我们怎样来比较呢？现在我给你们讲讲数大小的比较规则吧！

当位数不同的时候，位数多的数字一定大于位数少的数字。

当位数相同的时候，我们应该从最高位比起，如果最高位上的数字相同，就比较它们的下一位，

这样依次比下去，哪一位上的数大，整个数字就大。

数位

万位	千位	百位	十位	个位
2	0	8	0	9
2	0	0	0	9

就拿这两个数字来说，我们应该先比较万位，都是2，再比较千位，都是0，这时候我们继续比下去，第一个数字的百位上是8，而第二个数字的百位上则是0，所以我们判别出 20809 大于 20089。

20809
大
小
20089

快递员7先生——什么是自然数

吉雅、马文和萌小灵来到森林边，只见一个小矮人正坐在树墩边伤心地哭泣……

嘘，先别说话，听见哭声了吗？

呜呜呜

你们好，我是数学家族里的一个自然数，你们叫我7先生就行，我是个邮差，我的马车来到这片森林里，突然就失控了。

老爷爷，发生了什么事情吗？需要我们帮忙吗？

我家就在前面的数学王国里，穿过这片森林就是，如果顺路，邀请你们去我家做客！

小马小马，安静一点，我们帮你吧！

是刹车皮松了，不过这并不影响行驶，速度慢一点就好，有工具我就能修好它。

20

0是介于-1和1之间的整数。是最小的自然数，也是"有理数"。0没有倒数，0的相反数是0，0的绝对值是0，0的平方根是0，0的立方根是0，0乘任何数都等于0，0不能作为分母出现，0的所有倍数都是0，0不能作为除数……

0是极为重要的数字，在人类历史发展中，0的应用非常广泛。

有了数字0，多少怪物，我都能算出来。

公元前3000年，古巴比伦人就已经懂得使用0来避免众多数字间的混淆。

早在公元前2000年，古埃及就有人在记账时用特别的符号来代表0。

在玛雅文明中，数字0以贝壳模样的象形符号代表。

那标准的数字0是什么时候出现的呢？

标准的0是由古印度人在约公元5世纪时发明。他们最早用黑点"·"表示0，后来逐渐变成了"0"。

数字0传到西方时，曾经引起西方人的困惑，当时西方认为所有数都是正数，0这个数字会使很多算式、逻辑都不再成立（如除以0），在很长一段时间里，0被认为是魔鬼数字，遭到禁用。

直至约公元15～16世纪，数字0和负数才逐渐被西方人认同，从那以后，西方数学有了飞速、持久的发展。

先生到访——0 的意义

对，0 的第一层意义就是代表什么都没有。比如，来，咱们拥抱 0 次。哪有人这么说话？！

0 的第二层意义表示标准，我们去商场时会看到停车场分为地上停车场和地下停车场，如果是地上一层，我们会用 1 表示，地上二层用 2 表示。地下的一层、二层我们会用 -1 和 -2 表示，都是将地面作为 0 层，这里的 0 用来表示区分上下的标准。

0 的第三层意义表示开始，我们用直尺或三角板画线段的时候，都会从数字 0 开始起笔。

0 的第四层意义表示温度计的分界，观察温度计表面，我们可以根据上面的数值，读出是零上多少摄氏度，还是零下多少摄氏度。

什么是奇数？什么又是偶数呢？

我来告诉你们：自然数中，是2的倍数的数叫作偶数。不是2的倍数的数叫作奇数。

那偶数有什么特征吗？

当然啦！个位上是0、2、4、6、8的数字，都能被2整除。

我来说段绕口令，你们要是能听懂，就说明是真明白了！

奇数加、减奇数等于偶数，奇数加、减偶数等于奇数，奇数乘以奇数等于奇数。

好奇妙的规律啊！

我再加三条：
偶数加、减偶数等于偶数，如 4＋4=8、8-2=6。
偶数乘以偶数等于偶数，如 4×2=8、2×2=4。
偶数乘以奇数也等于偶数，如 4×3=12、8×3=24。
结合简单算式想想会更清楚。

说慢一点，太复杂了，让我们再想想啊！

可别小瞧小数点，数字的缩小或扩大，小数点的位置可重要了！它往前、往后移动，差异非常大。

真有意思，萌小灵，快说说什么是小数？

吉雅你看，89、8.9、0.89、0.089，小数点是不是在不停地向左移动？

10倍 10倍 10倍 10倍

89 89 89 0.089

每次缩小为原来的十分之一。

好，现在我来给你们具体讲一讲小数的知识吧！

把单位"1"平均分成10份、100份、1000份——这样的1份或几份，可以用分数表示，也可以用小数来表示。

小数
有限小数　无限小数
无限循环小数　无限不循环小数

小数
纯小数　带小数

小数点位置的移动，会引起小数的大小发生变化。小数点向右移动一位、二位、三位……数字就扩大到原来的10倍、100倍、1000倍……反之，小数点向左移动一位、二位、三位……数字就缩小到原来的十分之一、百分之一、千分之一……

0.1　0.01　0.001

终于到家了，大家快请进吧！这是我的夫人，你们可以叫她8夫人。

我经常在家给妈妈帮厨的，8夫人，我可以做点什么呢？

感谢你们帮助了7先生，我给大家准备了美味的午餐。

听起来好美味啊，怎么做呢？

今天太高兴了，我来为大家调配我最拿手的饮品——牛乳蜜桃苹果汁吧！

我们需要一个带刻度的大玻璃杯，先倒入20%的牛乳，然后加上70%的蜜桃汁，最后再倒上10%的苹果汁就可以啦！

我记住配方了！我来重复一遍，蜜桃汁最多，苹果汁最少，牛乳是苹果汁的两倍。

苹果汁 10%
牛乳 20%
蜜桃汁 70%

好期待啊！

萌小灵，我刚才一直听8夫人念叨着百分之几，你说说看，什么是百分数呢？

百分号 [%]

表示一个数是另一个数的百分之几的数就叫作百分数。百分数也叫百分率或百分比。

写百分号的时候，先写分子，再写百分号。读一个百分数，百分号前面的数是几，我们就把这个百分数读作百分之几。例如：25%，我们把它读作百分之二十五。

小弟弟的烦恼——有理数 VS 无理数

哟，孩子们回来了！

赶紧喝杯水凉快凉快吧！

爸爸妈妈，我们回来了！

今天你们在学校都学什么了？

老师给我们讲了什么是有理数，什么是无理数？

那你……也说给我们听听吧？！

老师说有理数是整数和分数的统称，是整数和分数的集合。无理数是无限不循环小数，是所有非有理数的实数。

2小姐解释得非常正确，有理数和无理数的区别在于：当有理数和无理数都写成小数时，有理数可以写成有限小数或无限循环小数，如0.6、0.212121……而无理数则写成无限不循环小数，如 π 就是 3.1415926……

大家听得好认真啊！博学的萌小灵，你再说说关于有理数和无理数的知识吧！

好啊。很久以前，古希腊数学家毕达哥拉斯学派的弟子希伯修斯在计算中发现了一个惊人的事实：一个正方形的对角线与其一边的长度是不可公度的。这种不可公度性与毕达哥拉斯学派"万物皆为数"（有理数）的哲理大相径庭。这一发现，在当时的数学界掀起了一场巨大的风暴，导致西方数学史上的"第一次数学危机"。

然而，这种数确实存在于数轴上，15世纪意大利著名画家达·芬奇称之为"无理的数"，17世纪德国天文学家开普勒称之为"不可名状"的数。人们为了纪念希伯修斯，最终把这种数取名为"无理数"。

一个边长为1的正方形，它的对角线是根号2，根号2约等于1.4142135623731——它不是一个有理数。

今天和同学打赌，我输了，受到的惩罚就是明天当众背诵圆周率！

怎么啦？怎么啦？

不好了，不好了！

怎么啦？

怎么啦？

怎么啦？

31.4万亿位

现在圆周率已经计算到小数点后31.4万亿位啦！你要怎么背?！

她是这么说的——粉色玫瑰要定的数量是50以内最大的质数，红玫瑰要定的数量是50以内最大的合数。

是有点儿难办！

什么是质数呢？什么是合数呢？

老板，不要着急。我来解释给你听。要想把质数、合数的概念解释清楚，我要先说说什么是因数。因数通常又称为约数，定义为：整数 a 除以整数 $b(b \neq 0)$ 的商正好是整数而没有余数，我们就说 b 是 a 的因数。

按照你说的，那数字18的因数应该有1、2、3、6、9、18。

要按照这个定义，我可以推理出30的因数有1、2、3、5、6、10、15、30。

对，非常棒！我继续往下讲：质数是指大于1的自然数中，除了1和它本身以外，不再有其他因数的自然数。合数是指在大于1的整数中，除了能被1和它本身整除外，还能被其他数（0除外）整除的数。我再强调一点啊：数字1既不属于质数也不属于合数。

50以内的质数是2、3、5、7、11、13、17、19、23、29、31、37、41、43、47，最大的数是47。所以，粉色玫瑰要定的数量是47朵。

50以内的合数是4、6、8、9、10、12、14、15、16、18、20、21、22、24、25、26、27、28、30、32、33、34、35、36、38、39、40、42、44、45、46、48、49，最大的数是49。红玫瑰要定的数量是49朵。

太感谢你们了！这回我可长知识啦！

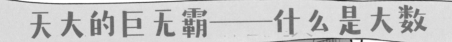

天大的巨无霸——什么是大数

萌小灵，我要拜你为师，请收下我这个徒弟吧！

你这么博学，还有一个问题困扰着我，希望你能帮我解答。

不用这么客气。

你说，在我们的数学王国里，最大的数应该是多少呢？

对，我也想问这个问题呢！哪个数字是数学王国里"天大的巨无霸"呢？

东方的最大数量单位为"大数"。

东方的数量单位由小到大依次为：个、十、百、千、万、亿、兆、京、垓（gāi）、秭（zǐ）、穰（ráng）、沟、涧、正、载、极、恒河沙、阿僧祇（qí）、那由他、不可思议、无量、大数。其中万以下采取十进制，万以后则采用万进制，即万万为亿，万亿为兆，万京为垓……

个 十 百 千 亿 京 万 兆 垓 载 恒河沙 那由 沟正 极 阿僧祇 秭 穰 涧

40

个：一、二、三、四、五、六、七、八、九、零。
十：代表的是 10 的 1 次方。
百：代表的是 10 的 2 次方。
千：代表的是 10 的 3 次方。
万：代表的是 10 的 4 次方。
亿：代表的是 10 的 8 次方。
兆：代表的是 10 的 12 次方。
京：代表的是 10 的 16 次方。
垓：代表的是 10 的 20 次方。
秭：代表的是 10 的 24 次方。
穰：代表的是 10 的 28 次方。
沟：代表的是 10 的 32 次方。
涧：代表的是 10 的 36 次方。
正：代表的是 10 的 40 次方。
载：代表的是 10 的 44 次方。
极：代表的是 10 的 48 次方。
恒河沙：代表的是 10 的 52 次方。
阿僧祇：代表的是 10 的 56 次方。
那由他：代表的是 10 的 60 次方。
不可思议：代表的是 10 的 64 次方。
无量：代表的是 10 的 68 次方。
大数：代表的是 10 的 72 次方。

那其他国家的数学家也认可这个数字单位吗？

听我慢慢道来！

在国际上，最大的数字单位是：古戈尔。古戈尔普勒克斯，是 10 的古戈尔次方，而 1 古戈尔是 10 的 100 次方，即 10^{100}。所以古戈尔普勒克斯就是 $10^{(10^{100})}$，是一个大数，但也远小于一些特别定义出来的大数。

古戈尔和古戈尔普勒克斯这两个词是由一位美国数学家和他的侄子创造出来的。

古戈尔。

古戈尔普勒克斯。

较量大数

实数国王来啦——什么是实数

电话铃响了。

告诉大家一个好消息，新郎、新娘对我们的鲜花裙非常满意，他们邀请我们一同去参加他们盛大的婚礼呢！

太棒了！婚礼在哪举行？

在我们雄伟的数字广场。对了，我们的实数国王会为这对新人的婚礼致辞。

实数国王？！

萌小灵，快给我们讲讲什么是实数，为什么它能当这里的国王。

实数可厉害了！实数集是不可数的，也就是说，实数的个数严格多于自然数的个数，尽管二者都是无穷大的。

是谁发现并定义了实数呢?

看，我们伟大的国王出现了!

德国数学家康托尔

1871年，德国数学家康托尔第一次提出了实数的严格定义。实数包括有理数和无理数。其中无理数是无限不循环小数，有理数包括无限循环小数、有限小数、整数。数学上，实数直观地定义为和数轴上的点一一对应的数。本来实数仅称作数，后来引入了虚数的概念，原本的数称作"实数"——意义是"实在的数"。

欢迎你们来数学王国！祝你们玩得开心。

我们在这里不仅结识了新朋友，还学习到很多知识呢!

拍照留念吧!

图书在版编目（CIP）数据

绕不开的数学常识. 数字王国 / 韩明编著；张龙腾绘. —— 北京：电子工业出版社，2024.1
（超级涨知识）
ISBN 978-7-121-47089-9

Ⅰ.①绕… Ⅱ.①韩… ②张… Ⅲ.①数学－少儿读物 Ⅳ.①O1-49

中国国家版本馆CIP数据核字（2024）第022909号

责任编辑：季　萌
印　　刷：当纳利（广东）印务有限公司
装　　订：当纳利（广东）印务有限公司
出版发行：电子工业出版社
　　　　　北京市海淀区万寿路173信箱　邮编：100036
开　　本：889×1194　1/20　印张：13.3　字数：345.8千字
版　　次：2024年1月第1版
印　　次：2024年1月第1次印刷
定　　价：138.00元（全6册）

凡所购买电子工业出版社图书有缺损问题，请向购买书店调换。若书店售缺，请与本社发行部联系，联系及邮购电话：（010）88254888，88258888。
质量投诉请发邮件至zlts@phei.com.cn，盗版侵权举报请发邮件至dbqq@phei.com.cn。
本书咨询联系方式：（010）88254161转1860，jimeng@phei.com.cn。

★ SUPER KNOWLEDGE ★

超级涨知识

北京市数学特级教师
司梁 主审

韩明 编著
张龙腾 绘

绕不开的
数学常识

非常运算

电子工业出版社·
Publishing House of Electronics Industry
北京·BEIJING

目录

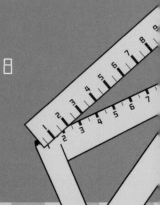

我家有孵化器，让我来试试吧！

太期待了，等着你揭秘啦！

几天后……

好消息！蛋宝宝孵化成功了，居然是一只企鹅！这是我为神秘的蛋宝宝记录的观察图。

简直太神奇了！我们居然有了一只宠物企鹅。马文，你真棒！快让我来看看你见证奇迹的过程吧。

蛋宝宝的观察图

 前 7 天：没有任何变化。

 连续 3 天：前后轻微晃动。

 接下来的 2 天：蛋壳上出现细小裂纹。
持续 1 天：保持原有状态。

 变化最大的 2 天：蛋壳上出现横竖交错的纹路，整个蛋体摇摆。

 蛋壳从中间断开，小企鹅出壳啦！

马文，你观察得真细致，都快成动物专家啦！嗯……蛋宝宝在你的孵化器里一共生活了几天啊？

我想想啊！7+3+2+1+2？

生活中处处都会运用到数学知识！小企鹅的孵化时间一共是几天？要想知道答案，我们就要运用到"加法"。

加法是基本的四则运算之一，它是指将两个或两个以上的数、量合起来，变成一个数、量的计算。表达加法的符号为加号，即"+"。进行加法时，以加号将各项连接起来。

我算一下啊：7+3+2+1+2，应该是 15 天。加法算式应该是：7+3+2+1+2=15（天），所以蛋宝宝的孵化时间是 15 天。

等号"="的产生比"+"和"一"更晚一些。英国数学教育家雷科德觉得用两条平行而长度相等的直线段来表示两数相等再合适不过了，等号"="由此产生。

5

6

8

分与合——10 以内数的分解与合成

加、减法在我们的生活中随时随地都可能用到，你们一定要掌握相关的知识啊！

不过，也不用着急，我们先把 10 以内数字的分解与合成，以及它们之间的关系都弄明白。来，快和我一起学习 10 以内数字的分解与合成口诀吧！

分解口诀

10 可以分成 1 和 9，10 可以分成 9 和 1，
10 可以分成 2 和 8，10 可以分成 8 和 2，
10 可以分成 3 和 7，10 可以分成 7 和 3，
10 可以分成 4 和 6，10 可以分成 6 和 4，
10 可以分成 5 和 5。

算 式

10-1=9　10-9=1
10-2=8　10-8=2
10-3=7　10-7=3
10-4=6　10-6=4
10-5=5

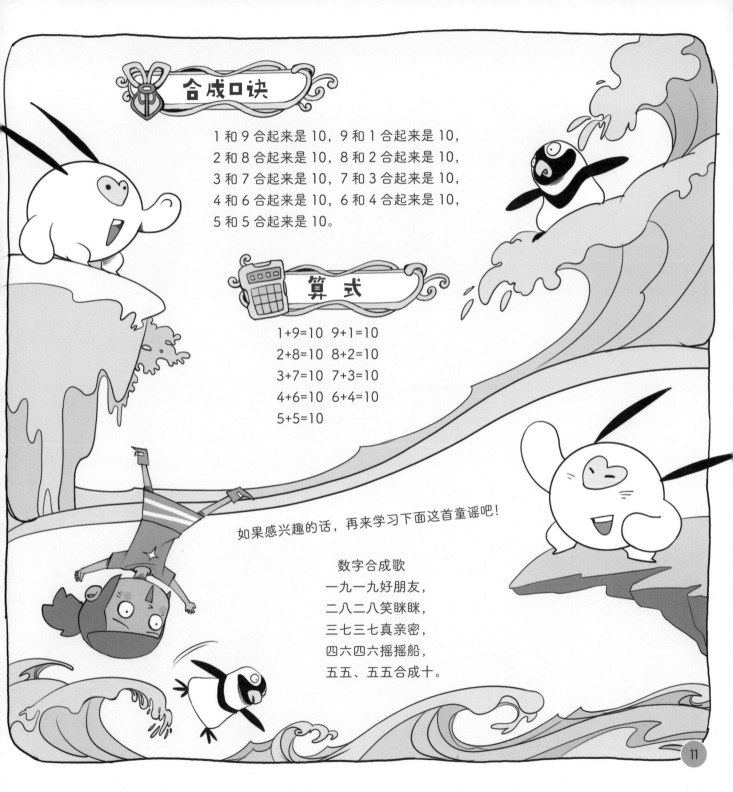

合成口诀

1和9合起来是10，9和1合起来是10，
2和8合起来是10，8和2合起来是10，
3和7合起来是10，7和3合起来是10，
4和6合起来是10，6和4合起来是10，
5和5合起来是10。

算 式

1+9=10　9+1=10
2+8=10　8+2=10
3+7=10　7+3=10
4+6=10　6+4=10
5+5=10

如果感兴趣的话，再来学习下面这首童谣吧！

数字合成歌
一九一九好朋友，
二八二八笑眯眯，
三七三七真亲密，
四六四六摇摇船，
五五、五五合成十。

建材市场好大啊，小非的房子需要用到一些木板和钉子。

逛了一大圈，好累啊，终于都买到了，一共花了多少钱呢？木板：9元，钉子：7元。

马文一共花了 9+7＝？（元），现在我为大家带来 20 以内加、减法运算口诀表各一张。

还是没有找到对应的答案啊！

20 以内进位加法口诀表

9+2=11						
9+3=12	8+3=11					
9+4=13	8+4=12	7+4=11				
9+5=14	8+5=13	7+5=12	6+5=11			
9+6=15	8+6=14	7+6=13	6+6=12	5+6=11		
9+7=16	8+7=15	7+7=14	6+7=13	5+7=12	4+7=11	
9+8=17	8+8=16	7+8=15	6+8=14	5+8=13	4+8=12	3+8=11
9+9=18	8+9=17	7+9=16	6+9=15	5+9=14	4+9=13	3+9=12	2+9=11

20 以内退位减法口诀表

11-9=2	11-8=3	11-7=4	11-6=5	11-5=6	11-4=7	11-3=8	11-2=9
12-9=3	12-8=4	12-7=5	12-6=6	12-5=7	12-4=8	12-3=9
13-9=4	13-8=5	13-7=6	13-6=7	13-5=8	13-4=9
14-9=5	14-8=6	14-7=7	14-6=8	14-5=9
15-9=6	15-8=7	15-7=8	15-6=9
16-9=7	16-8=8	16-7=9
17-9=8	17-8=9
18-9=9

别着急啊。为了运算简便，我还要给你们介绍几种特殊的计算方法呢！

口诀：先相加再相加。

把一个加数分解成两个数的和，使得其中分解的一部分和另一个加数相加得到 10 的方法。

$$9+7=16$$

6　3

+10

16

破十法

口诀：先相减再相加。

十几减几，当个位数不够减的时候，就用 10 减去减数，剩下的数和个位上的数再相加。

$$16 - 9 = 7$$

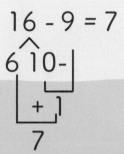

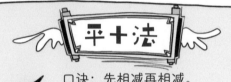

平十法

口诀：先相减再相减。

把减数分成两个数，被减数减去第一个数后要等于 10，然后再用 10 来减去第二个数得出最终的得数。

$$16 - 7 = 9$$

这些计算方法太实用了，把运算都变得非常简单了！

来啊，我们一起动手为小非搭建它的家吧！

变形术——加、减法的基础公式及变形公式

小非和我一样非常喜欢看《西游记》。

我最喜欢的就是孙悟空，因为它神通广大，能七十二变。

这是他的制胜法宝。

告诉你们一个秘密：加法和减法公式也可以变形使用。不信你们看：

（1）加法基础公式：加数 ＋ 加数 ＝ 和
加法变形公式：和 - 1 个加数 ＝ 另 1 个加数

（2）减法基础公式：被减数 - 减数 ＝ 差
减法变形公式：差 ＋ 减数 ＝ 被减数
被减数 - 差 ＝ 减数

售票中心的小麻烦——加法结合律，加法交换律

在路上，很多人因好奇而围观，大家友好地和企鹅小非打招呼。

别人遛狗，我们遛企鹅，哈哈，这可真有意思！

哈哈，是啊，我们的小非一点儿都不怯场。

我们带小非去游乐场吧！

走！

好啊，走！

游乐场售票中心，人山人海。

我来排队！

太可爱啦，我能摸摸它吗？

好啊，这是我的好朋友的宠物企鹅，刚刚出生。

呦，你怎么抱一只小企鹅啊？它的皮肤滑溜溜的。

它的眼睛好有神，一定对这个大世界充满好奇。

是啊，是啊！

我们俩都是导游，我需要买16张票，她需要买12张票。实在不好意思，你们俩不要着急啊！

除了这两位导游，我们前面还有8位游客，如果按每人买一张票计算的话……

那也就是说，我们前面需要买票的人还有很多呢？

前面的人要买多少张票呢？

这道连加的算式应该是：8+16+12＝？

呀，要是8能和12直接相加就好了！

让我来教你一些简便运算的方法，也称"巧算"。

第一个是加法交换律：两个数相加，交换两个加数的位置，和不变。
用字母表示：$a+b=b+a$.
第二个是加法结合律：三个数相加，先把前两个数相加，或者先把后两个数相加，和不变。
用字母表示：$(a+b)+c=a+(b+c)$

我可以把算式8+16+12变为（8+12）+16，这样很轻松就可以看出答案了！20+16＝36.

耐心等待哦！

躺着和站着——横式、竖式的互换

游乐场里好热闹啊！有小丑、旋转木马、摩天轮……

你抱好小非啊！

怎么那么多人，开设了什么新的游戏项目吗？

我看看……原来是运算闯关大迷宫啊！

游戏规则里写着：只要将算式计算正确，前方的门就会自动打开。

还真激发了我的挑战欲呢！吉雅，想不想去试一试。

14+

14+45

算式计算正确，门会自动打开。

好啊，带着小非去闯关。

可是这里的算式题目都好难啊，用萌小灵教过咱们的凑十法、破十法、平十法都算不出来。

对于这些两位数的运算，我们需要把横式转换为竖式，再来进行计算。横式就像我们在床上躺着，竖式就像人们站立在地面上。横式和竖式在转换的过程中，要注意数位对齐，先将个位上的数字相加或相减，再将十位上的数字相加或相减。

例如：
横式：23+46＝?
转换为竖式：

$$\begin{array}{r} 23 \\ + 46 \\ \hline \end{array}$$

要把两个加数的相同位数对齐。

个位上3和6对齐在一条竖线上，十位上的2和4对齐在一条竖线上。

我们按照萌小灵的提示，先将竖式转换为横式吧！

$$\begin{array}{r} 14 \\ + 45 \\ \hline \end{array}$$

横式为：14+45＝?

那接下来，我们该怎样继续计算呢？

小试牛刀——进位加法

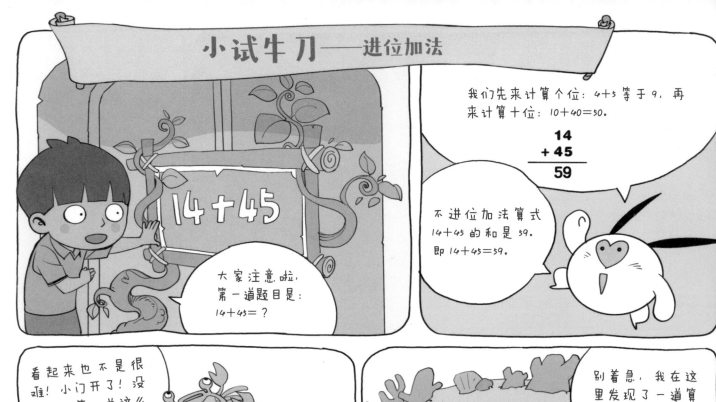

我们先来计算个位：4+5等于9，再来计算十位：10+40=50。

$$\begin{array}{r} 14 \\ + 45 \\ \hline 59 \end{array}$$

不进位加法算式14+45的和是59。即14+45=59。

大家注意啦，第一道题目是：14+45=？

看起来也不是很难！小门开了！没想到，第一关这么容易就闯过去啦！

到了一个岔路口，该往哪里走呢？

别着急，我在这里发现了一道算式题69+28=？

个位是9+8，应该等于17，我们在竖式上该怎样表示呢？

马文算得对，根据经验，很容易就可以计算出个位相加的结果，接下来，我继续为大家讲解进位加法的计算。

口诀：
个位满10进一步，
十位莫忘加进来。

我们将个位中所含的10，直接进到十位。这个时候要注意：在等于线上记录的1，就是进上去的一个10。

现在的十位是：60+20+10=90。

$$\begin{array}{r} 69 \\ + 28 \\ \hline 1 \\ \hline 97 \end{array}$$

吉雅，我们算对了得数，小非也起劲儿地鼓掌呢！

我们学会了不进位加法和进位加法的计算，以此类推，对于以后需要计算的三位数、四位数，大家也可以顺利算出来啦！

看，那里有印着游乐场Logo的T恤和各种模型呢！

我们过去看看。

每个人都挑选着自己喜欢的东西……

好，我来算一算，这些东西应该付多少钱呢？纪念章8元、小车模型27元、小背包59元、T恤40元，共计8+27+59+40=134（元）！

我喜欢这辆带Logo的小车。

这个纪念章最适合我。

小背包更实用！

我就选这件T恤了。

好，继续出发！

让我再来验算一遍：6+6+6+6……+6=54（粒），乘法和我用连加计算出来的得数是一样的！

我用到"九九"口诀里的这句：六九五十四！

什么是"九九"口诀啊？

这片萝卜地有5排，每排有8个萝卜。这片地一共有多少个萝卜？1、2、3、4、5、6……哎呀，怎么又数乱了！

为什么不用我刚刚教你们的乘法来计算呢？你们看：一共有5排，每排有8个萝卜。

对呀，5×8啊！

你的口诀真棒，快和我们分享一下吧！

九九乘法口诀：五八四十，这片地一共有40个萝卜。

九九乘法口诀表

《九九乘法口诀》是从"一一得一"开始，到"九九八十一"止，而在古代，却是倒过来的，从"九九八十一"起，到"二二得四"止。因为口诀开头两个字是"九九"，所以，人们就把它称为"九九"口诀。

满满的收获，烦琐的连加算式统统可以用简便乘法计算出来。

1×1=1								
1×2=2	2×2=4							
1×3=3	2×3=6	3×3=9						
1×4=4	2×4=8	3×4=12	4×4=16					
1×5=5	2×5=10	3×5=15	4×5=20	5×5=25				
1×6=6	2×6=12	3×6=18	4×6=24	5×6=30	6×6=36			
1×7=7	2×7=14	3×7=21	4×7=28	5×7=35	6×7=42	7×7=49		
1×8=8	2×8=16	3×8=24	4×8=32	5×8=40	6×8=48	7×8=56	8×8=64	
1×9=9	2×9=18	3×9=27	4×9=36	5×9=45	6×9=54	7×9=63	8×9=72	9×9=81

万能计算公式——巧算

明白了两位数乘以两位数的方法，我们就可以以此类推，计算出更大的乘积。

你们注意了吗？每辆花车的后面都写着制作它的材料表呢！让我来试着计算一下。

马文，你真厉害，萌小灵居然给你打了100分。

材料	数量	总和
鲜花	25×46	
彩旗	30×6	
铃铛	17×11	
风车	24×33	
气球	50×18	

不要骄傲！强调一下，乘法竖式计算要注意：
（1）两个数的最后一位要对齐。
（2）尽量把数字多的数写在上面，数字少的数写在下面，以减少乘的次数。
（3）如果两个数的末尾都有0，写竖式时可以只将0前面数的最后一位对齐，最后在竖式积的后面添上两个数共有的0的个数。

我再介绍一种更简便的方法，只要掌握这个方法，甚至比计算器都快，它是由印度人发明的。即当任意两位数相乘时，有一个万能计算公式：

$$ab \times cd = ac \times 100 + bd + (ad + bc) \times 10$$

什么口算？我没有听错吧！

例：2400×380＝？
为了方便计算，我们可以先省去乘数中所包含的0，计算24×38，两数相乘，积为912，再把后面的0补足。即最后的积为912000。

30

太牛了。萌小灵，快给我们好好讲一讲。

$$\frac{ab}{cd} \qquad \frac{a \times b}{c \times d} \qquad \frac{ab}{cd}$$

25
× 46

我们用这道题来试着算算吧！在这里，a、b、c、d分别是 $a=2$，$b=5$，$c=4$，$d=6$。

首先，我们使用三步口诀。

第一步：$ac \times 100$

$ac \times 100$: $2 \times 4 \times 100 = 800$

第二步：bd

bd: $5 \times 6 = 30$

第三步：$(ad+bc) \times 10$

$(ad+bc) \times 10$: $(2 \times 6 + 5 \times 4) \times 10 = 320$

最后把三个数字相加：

$800+30+320=1150$

再总结一下：

$25 \times 46 = 2 \times 4 \times 100 + 5 \times 6 + (2 \times 6 + 5 \times 4) \times 10$

$= 800 + 30 + (12+20) \times 10$

$= 830 + 320$

$= 1150$

只要记住了规律，就可以在很短的时间内计算出答案啦！

除法运算所使用的除号"÷"又称为雷恩记号，以此纪念瑞士人雷恩。因为他在 1659 年出版的一本代数书中首次使用了这种运算符号，并一直沿用到了今天。

关于除法，能举个例子说明一下吗？

我想一想啊！举一个简单的例子吧……

除法的基础公式：被除数 ÷ 除数 = 商，如：20÷5=4

这道除法算式中：20 是被除数，5 是除数，4 是商

除法的变形公式：被除数 ÷ 商 = 除数，如：20÷4=5

　　　　　　　　商 × 除数 = 被除数，如： 4×5=20

注意，这两种变形公式也可以在验算时使用。

那……每个碗中到底应该放多少粒豌豆啊？

别着急，我来算算看。

60 粒豌豆，4 个碗，60 就是被除数，4 是除数，那算式就是 60÷4＝15！

四个碗中豌豆的数量一致，都是 15 粒。

来啦，请大家品尝美味的豌豆羹吧！

葡萄果冻和可爱的100先生——有余数的除法，逆运算

大厨好厉害，居然把我刚刚采的葡萄做成了37份心形葡萄果冻。

一共四个人，记得要分得平均啊。

快分一分吧，馋得我口水都要流出来了！

四七二十八……
四八三十二……
四九三十六，唔？！
怎么还多出一个来？

在除法运算中，多出来的数称为"余数"。
它的基本公式为：
被除数 ÷ 除数 ＝ 商……余数
变形公式为：
除数 × 商 ＋ 余数 ＝ 被除数

明白了，现在我们分葡萄果冻就可以用这样的除法算式表达出来：
$37 ÷ 4 ＝ 9……1（个）$

$$4\overline{)37}$$
商9，36，余1

吉雅真棒！竟然还知道除法与乘法互为逆运算……

等等，你以前可没有给我们讲关于逆运算的知识啊！

好吧，简单一点说，加法的逆运算是减法，乘法的逆运算是除法，这是它们唯一的逆运算。

（1）加法和减法互为逆运算
加数 + 加数 = 和
被减数 - 减数 = 差
所以，我们可以推导出下面的等量关系：
被减数 = 差 + 减数
减数 = 被减数 - 差

（2）乘法和除法互为逆运算
因数 × 因数 = 积
被除数 ÷ 除数 = 商
所以，我们可以推导出下面的等量关系：
被除数 = 商 × 除数
除数 = 被除数 ÷ 商

这个弄懂了！加法和减法互为逆运算，乘法和除法互为逆运算。

在做除法时，首先确定被除数、除数和商。

被除数是需要分成若干份的数，除数是用来分割被除数的数，而商是被除数除以除数所得的结果。

逐位相除：从左到右逐位进行相除运算，直到所有位上的数都处理完毕。

吉雅，让我来试一试分这些小饼干吧。

一共47块，我们有4个人分，应该又会出现余数。

我来口算一下：47÷4=11……3（块）应该多出3块小饼干。

快看，来了一个可爱的大人偶！

大家好，我是100先生，我是餐厅的特约嘉宾，有谁想和我合影吗？

想合影的你需要先通过考验哦！那就是……在数字1、2、3、4、5、6、7、8、9、10之间加上适当的运算符号，使最后的得数等于100。要求这中间不能加括号、不能打乱数字的顺序啊！

答案：1×2+3×4+5+6+7×8+9+10=100

接待儿童旅行团——除法的运算性质

唛，你们在忙什么？

一会儿要接待儿童旅行团的小团员们用餐。我们要把这300个面包分成25份，4个小朋友为1组，可以领取1份面包。

那1个小朋友可以得到几个面包呢？

我想一想啊，应该用 300÷25÷4！

应该先算 25×4=100 吗？

按照计算顺序应该先算 300÷25！

别争啦，根据除法的性质：被除数连续除以两个除数，等于除以这两个除数之积。我们可以根据除法的性质来进行简便运算。

300÷25÷4
=300÷（25×4）
=3（个）

这种计算方法真简便。

答案有啦！每个小朋友可以得到3个面包。

萌小灵，能再给我们讲讲其他的运算性质吗？

好啊，除法的运算性质：

（1）被除数扩大（缩小）n 倍，除数不变，商也相应地扩大（缩小）n 倍。

（2）除数扩大（缩小）n 倍，被除数不变，商相应地缩小（扩大）n 倍。

（3）还有就是刚才提到的，被除数连续除以两个除数，等于除以这两个除数之积。有时可以根据除法的性质来进行简便运算。

今早烙出50张蔬菜饼，看来大家不太喜欢这个口味。

看那边有很多蔬菜饼呢，怎么没有人吃呢？

嘻嘻，我也来列一个算式：$50 \div 0$？

小非，数字"0"是不能作除数的，根据除法的意义，除法是已知两个因数的积与其中一个因数，求另一个因数的运算。

通过除法与乘法的互逆关系可知，如果除数为0，则：

（1）当被除数不为0（例如 $3 \div 0$）时，由于"任何数乘0都等于0，而不可能等于不是0的数（例如3）"，此时除法算式的商就不存在，即任何数的0倍都不可能为非零数。

（2）当被除数为0，即除法算式 $0 \div 0$，由于"任何数乘0都等于0"，于是商可以是任何数，即任何数的0倍都等于0。

为了避免以上两种情况，因此数学中规定——0不能作除数。

我还要继续好好学习！

不用着急，这道题用最大公约数立刻就能知道答案。

什么是最大公约数？

最大公因数，也称最大公约数、最大公因子，指两个或多个整数公有的约数中最大的一个。

求最大公约数有很多种方法，常见的有质因数分解法、短除法、辗转相除法等。

例如 6÷2=3，那么数字1、2、3 和 6 都是 6 的因数。

再来看一道题：8 和 12 的因数有哪些？它们的最大公因数是多少？

8 的因数有 1、2、4、8。

12 的因数有 1、2、3、4、6、12。

所以 8 和 12 的最大公约数是 4。

三种颜色的气球数量分别是 77、126、91，我们现在只要求出这三个数的最大公约数是几就可以啦。

（77，126，91）=7，也就是它们的最大公约数是 7，因为 77÷7=11（个），126÷7=18（个），91÷7=13（个），答案有啦，这些热气球最多可以搭配成 7 组，每组分别用到 11 个粉气球、18 个红气球和 13 个黄气球。

这种求解的方法真简单。

注意，在上热气球前，每 1 组请来此领 1 台摄影机，用来记录精彩瞬间。

太好了，我也去领 1 台。

我们把摄像机分给 8 组人员或 10 组人员，都恰好可以分完。你能计算出至少有多少台摄像机吗？

有……有……？

这个问题牵扯到与最大公约数相关的一个问题，即最小公倍数。几个自然数公有的倍数，叫作这几个数的公倍数，其中最小的一个自然数，叫作这几个数的最小公倍数。举个例子：

4 的倍数有 4、8、12、16……

6 的倍数有 6、12、18、24……

4 和 6 的公倍数有 12、24……

因为其中最小的数字是 12，所以这样记录：[4，6]=12。

再如：12、15、18 的最小公倍数是 180。我们应记为 [12，15，18]=180。

我明白了，我可以这样解答：至少有 40 台摄像机。[8,10]=40

太棒了，祝你们热气球之行愉快、顺利！

我数了数：一楼有38排座椅，二楼有20排座椅，每排有40个座位。

这家剧院一共可以容纳多少人啊？

我有两种列算式的方法：

38×40＋20×40   （38＋20）×40
＝1520＋800   ＝58×40
＝2320（人）   ＝2320（人）

怎么在一个算式中既有加减法，又有乘除法啊？

看起来第二种方法更加简便哦！

哈哈，这种算式我们称为四则运算。在一个算式中，含有加、减、乘、除四种运算中两种以上的，便称为四则混合运算。在数的运算中，加、减法被称为一级运算，乘、除法被称为二级运算，乘方和开方被称为三级运算。

精彩的艺术体操表演——四则运算的关系和顺序

演出太精彩了，演员们好棒！拍球、滚球、抛接球——小球们好像是听从指挥的士兵！

我想去后台认识一下表演球操的演员们。

说说看，我们有可能会帮到你们呢！

谢谢，我们正在收拾道具呢，不过遇到点小麻烦。

这个嘛，还真有点难度。

5个纸箱中平均装满了大小相同的68个白球和82个黑球，现在要把450个新皮球装在同样的纸箱中，请问我们需要多少个纸箱呢？

这个算式怎么列呢？

先来列个四则运算的算式吧！
450÷[（68+82）÷5]＝？
思路是：先求出5个纸箱共装了多少个皮球，再继续求出每个纸箱平均能装多少个皮球，最后计算出450个新皮球需要多少个同样的纸箱。

咱们一步步来：加法和减法是第一级运算，乘法和除法是第二级运算。在一个没有括号的算式里，如果只有同一级运算，要按照从左往右的顺序依次计算；如果含有两级运算，要先算第二级运算，再算第一级运算。

$$450 \div [(68+82) \div 5]$$
$$=450 \div [150 \div 5]$$
$$=450 \div 30$$
$$=15（个）$$

现在好了，答案出来啦，你们需要15个这样的纸箱子。

感谢感谢，真是帮了我们大忙啦！

我还想多了解一些四则运算的知识，萌小灵再给我们讲讲吧！

好啊，在一个有括号的算式里，要先算小括号"（）"里的，再算中括号"[ ]"里的，最后算大括号"{ }"里的，然后再做外面的计算。

明白了，计算顺序是"（）""[ ]""{ }"！

数学家们好聪明啊！有了这些括号，可以精简算式，使我们的运算准确率大大提升。

可不是嘛！你们想知道它们的发明者都是谁吗？

别卖关子啦，快告诉我们！

　　小括号"（）"又称圆括号，出现的时间最早，是1544年出现的；中括号"[ ]"又称方括号、大括号"{ }"又称花括号，是1593年由法国数学家韦达引入的。

　　韦达（1540—1603），是16世纪最伟大的数学家。韦达的本行是律师，并从事政治活动，曾以律师的身份在法国议会工作。但他几乎把所有的空闲时间都用在了数学研究上。他专注数学到什么程度呢？有时解决某些问题，可以连续几夜不睡。

今天玩得太高兴了，还学习到了这么多运算知识！

不光是数学知识，还有很多有趣的数学历史呢！

真是收获满满的旅程！

图书在版编目（CIP）数据

绕不开的数学常识. 非常运算 / 韩明编著 ; 张龙腾绘. —— 北京：电子工业出版社，2024.1
（超级涨知识）

ISBN 978-7-121-47089-9

Ⅰ.①绕… Ⅱ.①韩…②张… Ⅲ.①数学 – 少儿读物 Ⅳ.①O1-49

中国国家版本馆CIP数据核字（2024）第022923号

责任编辑：季　萌
印　　刷：当纳利（广东）印务有限公司
装　　订：当纳利（广东）印务有限公司
出版发行：电子工业出版社
　　　　　北京市海淀区万寿路173信箱　邮编：100036
开　　本：889×1194　1/20　印张：13.3　字数：345.8千字
版　　次：2024年1月第1版
印　　次：2024年1月第1次印刷
定　　价：138.00元（全6册）

凡所购买电子工业出版社图书有缺损问题，请向购买书店调换。若书店售缺，请与本社发行
部联系，联系及邮购电话：（010）88254888，88258888。

质量投诉请发邮件至zlts@phei.com.cn，盗版侵权举报请发邮件至dbqq@phei.com.cn。

本书咨询联系方式：（010）88254161转1860，jimeng@phei.com.cn。

SUPER KNOWLEDGE

超级涨知识

北京市数学特级教师
司梁 主审

小猛犸童书

韩明 编著
张龙腾 绘

绕不开的

数学常识 ③

生活中的数学

电子工业出版社·
Publishing House of Electronics Industry
北京·BEIJING

目 录

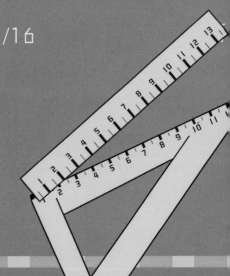

5

关于时间的话题，我用神奇展示器演示最清楚。

表盘上有12个数字，分别是1、2、3、4、5、6、7、8、9、10、11、12，这12个数字把表盘分成了12个大格，每个大格又分为5个小格。这样算下来，一圈一共有60个小格。

表盘上又短又粗的针叫时针，它走得最慢，每走一大格就代表1小时；又细又长的针叫分针，它每前进1小格就代表1分钟，走得最快的那根叫秒针，它每次向前点一下，就代表1秒钟过去了。

无论是哪根指针，都会从表盘最上面的数字12的位置上出发，转一圈后，再回到原点12。而后依次不停地循环往复。

马文说得非常正确！我补充一下：时间单位是秒，是国际单位制中时间的基本单位。

两个一刻——具体时间的认知

这些我都知道，你给我们讲讲"差一刻九点"和"九点一刻"有什么不一样？

当然不一样！

这两个"一刻"区别可大啦！

在认整点时，要注意：分针指向数字12时，时钟指向几就是几点整。

辨认半点也不难，就是每当分针指向数字6时，看时钟在哪两个数字之间，较小的那个数字是几，现在就是几点半。

最难的就是学会看6点和12点。原因在于6点的时候指针上下成一条线；而12点的时候是，时针、分针两根指针重合在一起。

说到具体的时间，我还可以告诉你们一个方法：先认时针再认分针，时针走过了几就是几点，分针从12算起，走过了多少小格就是几分。

那到底什么是一刻钟？

一刻钟就是十五分钟，再想想看，"九点一刻"和"差一刻九点"有什么不一样？

九点一刻
9：15

差一刻九点
8：45

"九点一刻"是九点十五分，"差一刻九点"指的是八点四十五分。这中间相差了半小时呢！

这回你明白了吧？！

刚才真是错怪你了，请你原谅。还有就是……让爱丽丝等了很长时间，真是抱歉。

9

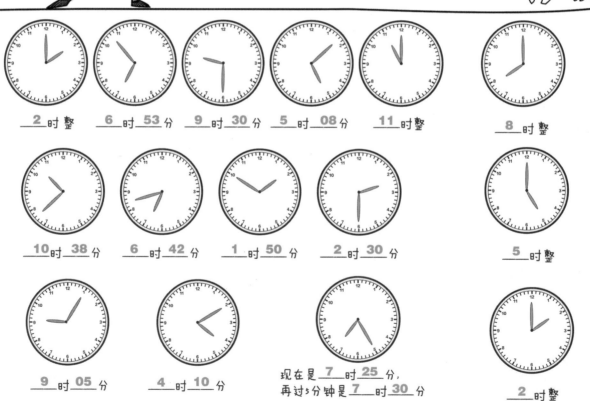

__2__时整 __6__时__53__分 __9__时__30__分 __5__时__08__分 __11__时整

__8__时整

__10__时__38__分 __6__时__42__分 __1__时__50__分 __2__时__30__分

__5__时整

__9__时__05__分 __4__时__10__分

现在是__7__时__25__分,
再过5分钟是__7__时__30__分

__2__时整

连线

7时10分　　1时55分　　2时40分　　5时35分　　12时5分

下面钟面是什么时刻

__1__时__20__分　　__4__时__30__分　　__6__时__45__分　　__8__时__15__分

过10分钟是　　过6分钟是　　过5分钟是　　过10分钟是　　过5分钟是
__4__时__30__分　　__5__时__36__分　　__10__时__55__分　　__12__时__25__分　　__7__时整

数一数：钟面有（12）个数，这些数把钟面均分成（12）大格，每个大格又均分成（5）小格。算一算钟面上一共有（60）小格。

看一看：钟面上又细又长的针叫（分）针，又短又粗的针叫（时）针。

想一想：时针走一大格，是（1）小时。时针走一大格时，分针正好走（1）圈，是（60）分钟，1小时＝（60）分。

我给你一个大赞！

怎么样？我全都说对啦！连萌小灵都给我点赞了！

哈　哈　哈　哈

中国文化博大精深，我从一个神话开始讲起：年兽又称"年"。是古代传说中的恶兽。每到年末的午夜，年兽就会进攻村子，残害百姓，屠杀牲畜。所以每到这一天，村里家家户户的百姓便扶老携幼逃往深山，以躲避"年"的伤害。

噼里啪啦

噼里啪啦

后来，村子里来了一位乞讨的老人，村民们纷纷拿出吃食、衣物帮助他。这位老人其实是神仙装扮的，他为了报答这些善良的村民，便告诉大家年兽的三大弱点：红色、火光和炸响。放爆竹、贴红色的春联、灯火通明的家和街道都可以使年兽不敢靠近。从那以后，年兽真的再也不敢下山了。这些习俗流传至今，红红火火过春节成了大家的风俗习惯。

这个传说真有意思，我了解了中国人过春节的习俗。

这是一个"小插曲"，现在我来讲讲"年"。
年为回归年，又称为地球年、太阳年，是计时单位。
1年通常是指地球绕太阳公转一周的时间。在现代公历中，平年有365天，闰年有366天。

闰年比平年多一天啊！

地球绕太阳1圈的时间是365天5小时48分46秒，为了计算方便，人们定1年的时间为365天，可多余的时间怎么办呢？

14

1 年多出了近 6 小时呢!

所以为了解决这个问题,人们便决定每 4 年增加 1 天,这 1 年便是 366 天的闰年,即"四年一闰,一百年不闰,四百年再闰"。

早在公元前六世纪,中国就开始采用闰年啦!不过那时的闰年算法跟你说的不一样。

中国的老祖宗好聪明!

在那个时代,就已经有人开始研究天文学了。

"年"既然是计时单位,当然与大自然和历法都有密切联系,而历法的形成又是天体运行和万物生长规律的产物。这一过程是随着社会的进步和人们认知的提高而发展的。

关于年、月、日的书写,有什么要求吗?

正确格式书写日期是十分重要和必要的。我们以马文的生日为例。

正确:

公历日期的标准书写格式为——

2013 年 9 月 28 日;或 2013-09-28。

错误:

(1)日期书写不得以小数点或顿号代替年、月、日,如 2013.9.28 或 2013、9、28,这样的格式都是不正确的。

(2)年份必须写全,不能简写。如 13 年 9 月 28 日,或 13-09-28,都是不可以的。

(3)书写时,数字和汉字前后要统一。如 2013 年九月二十八日就是错误的书写方式。

不一样的月——大月&小月，节气

我是3月份出生的，马文是9月份出生的，爱丽丝是11月出生的。

吉雅是大月出生的，我们是小月出生的。如果按这样算，你可以当姐姐，哈哈……

我第一次听说大月和小月的事情，爱丽丝快告诉我这是怎么一回事。

我只知道，每年固定1月、3月、5月、7月、8月、10月、12月为大月，4月、6月、9月、11月为小月。

公历的大月是指有31天的月份，小月是指有30天的月份。除了爱丽丝刚说的大小月以外，你们有没有发现，2月既不是大月，也不是小月。平年2月有28天，闰年2月则有29天。

那大、小月的设立对人们的生活有什么帮助吗？

当然啦，大月和小月的设立，对医学、保健、海洋生物学、水运、民俗、天文历算学等都有重要意义。

对，举起你的拳头，和我一起试试吧！
第一步：握紧左手成拳头状，手背向上，然后我们就可以看到关节有"凹下去"和"凸起来"的。

第二步：顺着食指凸起的关节从 1 月份开始数，一趟下来正好数到 7 月，然后再自食指凸起的关节从 8 月份开始数，直到 12 月。是不是很方便啊！
大月有 31 天，小月有 30 天，只有 2 月比较特殊。

哈哈！

我的拳头厉害啦！

哈哈！

有了这个"拳头识别法"，我就不会记错了。只要是记不清楚的时候，立刻举起随身"神器"。

哈哈！

大家都知道二十四节气吧？一年之内有4个季节，春夏秋冬各有3个月，每月2个节气，每个节气均有其独特的含义。

二十四节气准确地反映了自然节律变化，它不仅是指导农耕生产的时节体系，更是包含了丰富的民俗传统。

二十四节气

我想起来了，在幼儿园时我们学过一首关于二十四节气的童谣。

快背一遍啊！

春雨惊春清谷天，夏满芒夏暑相连。秋处露秋寒霜降，冬雪雪冬小大寒。

这首童谣把二十四个节气都串联在一起啦！

"二十四节气"是农历的重要组成部分。在国际气象界，二十四节气被誉为"中国的第五大发明"。2016年11月30日，二十四节气被正式列入联合国教育、科学及文化组织的人类非物质文化遗产代表作名录。

"历法"和"历书"又是怎么一回事呢?

萌小灵,我很好奇"星期"这个词是什么时候出现的?

历法是推算年、月、日的长度和它们之间的关系,制订时间顺序的法则。历法一般分为三类:太阴历、太阳历和阴阳历。无论哪一种历法,都有协调日历周期和天文周期关系的问题。

"历书"是排列年、月、节气等供人们查考的工具书。历书在我国古时称"通书"或"时宪书",在封建王朝,由于它是由皇帝颁发的,所以又称"皇书""皇历"。

星期，又叫周，是一个时间单位，它是制定工作日、休息日的依据。

星期日 星期一 星期二 星期三 星期四 星期五 星期六

星期作为时间周期最早起源于巴比伦。

世界各国通用一星期七天的制度，最早由罗马皇帝君士坦丁大帝制定，他在公元321年3月7日正式宣布7天为1周，这个制度一直沿用至今。

在中国的明末清初时，星期才逐渐被人们所知晓。民国时期规定使用公历之后，星期才逐步普及起来。

这里居然还蕴含着历史知识呢！

由于地球的自转和公转，昼夜两半球在时间上不断地相互交替，使得各个地点时而位于昼半球，经历着白昼；时而位于夜半球，经历着黑夜。这叫作昼夜交替。昼夜交替的周期，就是通常所谓的1日，叫太阳日，它不同于恒星日。

所谓恒星日是指地球同一子午线两次面对除太阳外的同一颗恒星经历的时间。地球同时进行着自转与公转，每隔23小时56分4秒，同一子午线就会两次面对除太阳外的同一颗恒星。换句话说，恒星日就是地球自转周期。

昼夜的长短，视晨昏圈分割纬线的情况而定。一般情形下，纬线被晨昏圈分割成两部分：位于昼半球的部分叫昼弧，位于夜半球的部分叫夜弧。昼弧和夜弧的弧长决定该地的昼长和夜长。当太阳直射点落在赤道（即春分、秋分）时，晨昏圈通过两极（与经圈重合），等分所有纬线。因此，全球各地昼夜等长。

昼夜长短(静态)规律——纬度分布规律
昼夜长短(动态)变化规律——时间分布规律

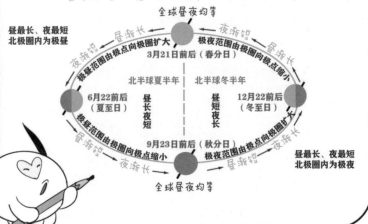

明白了，由于地球的公转和自转，形成了白天和黑夜。那白天和黑夜是一样长的吗？

夜晚，人累了一天，需要通过睡觉补充体力！

我觉得有一个地方特别适合吉雅！

哪里啊？

芬兰位于高纬度地区，与北极非常近，夏至时，白天可长达20小时，被称为"全世界日照时间最长的国家"。

同意，吉雅在那里安家再合适不过了！

咚！咚！

我出生在9月，所以我特别喜欢9月。9月份的节日可多了，中秋节、教师节……对了，考考你们，9月的第三个周末是什么日子，知道吗？

不知道啊！

是世界清洁地球日，在那一天，会有很多环保人士走上街头，向行人们宣传环保理念。

爱丽丝，你不是很向往我们中国的传统节日吗，我来和你好好讲讲。

阖家团圆的春节，家人们在浓浓的年味儿里一起包饺子、聊家常；赏花灯、吃元宵，是元宵节的重头戏。

春夏有可以祭祖踏青的清明节，还有端午节。端午节时，不仅有香喷喷的粽子吃，还可以在手腕上佩戴五彩绳祈福呢！

中秋节是农历八月十五，人们可以边赏月边吃月饼。

月饼甜，月饼香。它不仅好吃，且有美好的寓意。

接下来，敬老爱老的重阳节来啦，人们在这一天可以登高祈福、赏菊踏秋，充分感受秋天的美。

好幸福啊，家家户户、男女老幼都很喜欢参与各种节日庆典。

一年里的时光被各式各样的节日串联在了一起。

好啊！由于世界各国家与地区的经度不同，地方时也有所不同，因此会划分为不同的时区。

地球自转方向

东经180西经 150 120 90 60 30 西经0东经 30 60 90 120 150 东经180西经

| 东十一区 | 东西十二区 | 西十一区 | 西十区 | 西九区 | 西八区 | 西七区 | 西六区 | 西五区 | 西四区 | 西三区 | 西二区 | 西一区 | 中时区 | 东一区 | 东二区 | 东三区 | 东四区 | 东五区 | 东六区 | 东七区 | 东八区 | 东九区 | 东十区 | 东十一区 | 东西十二区 | 西十一区 |

国际日界线

纽约　伦敦　◎俄罗斯　北京　◎东京

开罗

从东十二区向东越过国际日界线到西十二区日期得减一天。

5月1日　4月30日

从西十二区向西越过国际日界线到东十二区日期得加一天。

为了照顾到各地区的使用，有关国际会议决定将地球表面按经线从东到西，划成一个个区域，并且规定相邻区域的时间相差1小时。

子夜12时　上午6时　正午12时　下午6时　子夜12时

早1小时　　晚1小时

在同一区域内的东端和西端的人看到太阳升起的时间最多相差不过1小时。当人们跨过一个区域，就将自己的时钟校正1小时（向西减1小时，向东加1小时），跨过几个区域就加或减几小时。

现今全球共分为 24 个时区。

实际上，常常 1 个国家或 1 个省份同时跨着 2 个或更多时区。

东十一区 东西十二区 西十一区 西十区 西九区 西八区 西七区 西六区 西五区 西四区 西三区 西二区 西一区 中时区 东

国际日界线

纽约

伦敦

正午12时

日界线到四十二区日期待减一天。

为了照顾到行政上的方便，常将 1 个国家或 1 个省份划在一起。所以时区并不严格按南北直线来划分，而是按自然条件来划分的。

为了克服时间上的混乱，1884 年在华盛顿召开的一次国际经度会议（又称国际子午线会议）上，

规定将全球划分为 24 个时区（东、西各 12 个时区）。同时规定，以英国的格林尼治子午线作为 0°经线，以此为基准，西经 7.5°至东经 7.5°为中时区（即零时区）；每个时区横跨经度 15°，时间正好是 1 小时；最后的东、西第十二区各跨经度 7.5°，合成一个时区。以东、西经 180°经线为界。每个时区的中央经线对应的时间就是这个时区的时间，称为区时，相邻两个时区的时间相差 1 小时。

60	90	120	150	东经180西
东四区	东五区	东六区	东七区	东八区	东九区	东十区	东十一区	东西十二区

罗斯

北京　东京

国际日界线

从西十二区向西越过国际日界线到东十二区日期得加一天。

下午 6时　子夜 12时

难怪爸爸妈妈他们要睡觉了呢？这下明白了。

时间长河的见证——古人的计时工具

快11点了!

有了手表真方便!

现在几点啦?

我记得上次参观故宫时,曾经看见过一个古代的计时器,叫什么来着?

你看见的一定是"铜壶滴漏"吧!它是靠铜壶里的水,一滴滴往下漏来计算时间长短的。将一昼夜分成十二个时辰。一个时辰相当于西方钟表的两个钟点。当钟表由西方传入中国后,人们把中国的一个时辰叫"大时",而把西方钟表的一个钟点叫"小时"。事实上,中国古代也有类似于"小时"的概念。后来,随着钟表的普及,"大时"一词逐渐消失,而"小时"一直沿用至今。

时令=2小时

土圭是一种测日影长短的工具。所谓"测土深"，是通过测量土圭显示的日影长短，求得不东、不西、不南、不北之地，也就是"地中"。夏至之日，此地土圭的影长为一尺五寸。

圭表也是我国古代度量日影长度的一种天文仪器，由圭和表两个部件共同组成。直立于平地上测日影的标杆和石柱，叫作表；正南正北方向平放的测定表影长度的刻板，叫作圭。

圭表是测定正午的日影长度以定节令，定回归年或阳历年。在很长一段历史时期内，我国所测定的回归年数值的准确度斗居世界第一。

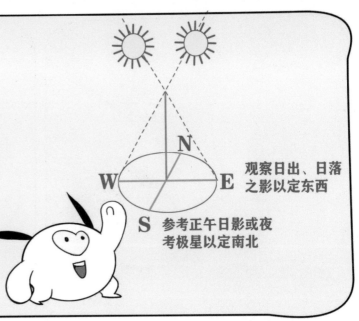

观察日出、日落之影以定东西

参考正午日影或夜考极星以定南北

干支纪年法，全称天干地支纪年法，是中国历史上很早就开始使用的纪年方法。

天干有如下 10 项：甲、乙、丙、丁、戊、己、庚、辛、壬、癸。

地支有如下 12 项：子、丑、寅、卯、辰、巳、午、未、申、酉、戌、亥。

将天干 10 项与地支 12 项顺序搭配起来，就构成 60 个年序。诸如甲子、乙丑、丙寅、丁卯等。

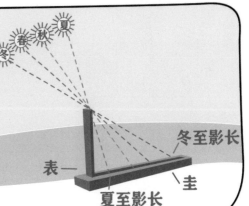

表一

冬至影长

圭

夏至影长

1949 年 9 月 27 日，中国人民政治协商会议第一届全体会议决议："中华人民共和国纪年采用公元纪年法。"

由此，我国政府采用更彻底的公元纪年法，所有政府文告、统计报表、报纸刊头等均采用公历，中国传统的农历纪年除了在重要报纸报头的公历后边标注外，官方文件中已彻底没了踪影。

01甲子	11甲戌	21甲申	31甲午	41甲辰	51甲寅
02乙丑	12乙亥	22乙酉	32乙未	42乙巳	52乙卯
03丙寅	13丙子	23丙戌	33丙申	43丙午	53丙辰
04丁卯	14丁丑	24丁亥	34丁酉	44丁未	54丁巳
05戊辰	15戊寅	25戊子	35戊戌	45戊申	55戊午
06己巳	16己卯	26己丑	36己亥	46己酉	56己未
07庚午	17庚辰	27庚寅	37庚子	47庚戌	57庚申
08辛未	18辛巳	28辛卯	38辛丑	48辛亥	58辛酉
09壬申	19壬午	29壬辰	39壬寅	49壬子	59壬戌
10癸酉	20癸未	30癸巳	40癸卯	50癸丑	60癸亥

我们的祖先真聪明啊!

不止这些,祖先还发明了日晷、漏壶、火闹钟……

我听爸爸妈妈讲过,在古时候我们的祖先是用沙漏记录时间的。

沙漏也叫沙钟,是一种测量时间的装置。西方沙漏由两个玻璃球和一个狭窄的连接管道组成。通过上面玻璃球里所有沙子穿过狭窄的管道流入下面玻璃球所需的时间,可以对时间进行测量。一旦所有沙子都流到下面玻璃球里,就可以把沙漏颠倒过来继续用。

这里好热闹啊！好吃的、好玩的，样样都有。

可以好好体验一把了！

我先把零钱准备好，一会儿用起来方便。

这就是你们中国的钱啊？

它不叫中国的钱，它叫人民币。

人民币是中华人民共和国的法定货币。

中国人民银行是国家管理人民币的主管机关，负责人民币的设计、印制和发行。

人民币符号为"元"的拼音大写首字母 Y 加上两横，也就是"¥"。

人民币分为元、角、分。以2019年8月30日发行的第五套人民币为例（如右图），有50元、20元、10元、1元纸币和1元、5角、1角硬币。

和你们美国的钱一样吗？

我们的钱也不叫美国钱，而是叫美元，也叫美金。

世界上各个国家流通的货币种类很多。

日本用日元，英国用英镑，欧洲许多国家用的钱叫欧元，韩国用韩元，印度卢比是印度的法定货币。

吉雅，让我欣赏一下你们的人民币。

好啊！

人民币面额不同，背面的图案也不一样：
2005 年版第五套人民币 100 元纸币背面的图案是北京的人民大会堂，
2019 年版第五套人民币 50 元纸币背面的图案是西藏的布达拉宫。

真漂亮啊！

数学超市

ZHONGGUO RENMIN YINHANG
100
100 YUAN
样币
样币禁止流通

ZHONGGUO RENMIN YINHANG
50
50 YUAN
2019年
样币
样币禁止流通

这张"名片"可不简单，上面的学问多啦！

萌小灵别卖关子啦！再给我们多讲讲历史吧！

我也一直想知道这个问题呢！人民币的名称"元、角、分"是怎样来的呢？

说来话长啊！用"元"作货币单位始于明代中期，那时欧美使用最广的货币"银圆"传入中国。因材质为银，形状呈圆形而得名，一枚就称为一圆。这"圆"字既是货币名称，又是单位名称。为了书写方便，后来人们就用同音字"元"代替了"圆"。此后，尽管又使用过多种货币，但货币单位"元"一直沿用至今。

"角"本义为兽角。小银元俗称"银角子"，所以"角"也成了货币单位。至于"分"嘛，《说文解字》里有："分，别也；从八从刀，刀以分别物也。"它的本义为分别、分开，后引申表示分开后的部分。作为货币单位，一元的百分之一也叫分。

真令人意想不到，这里还藏着丰富的历史知识。

法定货币是指依靠政府的法令使其成为合法通货的货币，一般来说一个国家拥有一种法定货币。

人民币的单位有元、角、分，那它们之间是怎么换算的啊？

这样解释更清楚：元、角、分的换算是十进制的，也就是说——1元＝10角，1角＝10分，1元＝100分。

十进制，是什么意思？

我记得老师告诉过我们很多计量单位都是十进制的。

十进制是现在人们日常生活中不可或缺的，是中国的一大发明。关于十进制的发明，还有这样一个有趣的故事。

很久很久以前，黄帝和蚩尤之间发生了一场激烈的战斗，经过大家共同的努力，黄帝大获全胜。

于是，黄帝部落的人开始对所有的蚩尤残兵败将和物品进行清点。清点的工作由黄帝部落管理仓库的邪曷进行。

他把每个俘虏对应着自己的一根手指，一根指头代表一个俘虏，两根指头代表两个俘虏……

可是人的手指头只有十个，并且这次黄帝部落俘获了很多的俘虏，邪曷的十根手指都用完了也没数完，这该怎么办呢？正当大家一筹莫展的时候，黄帝的一个部将说："既然用完了十根手指，我们可以先把已数过的十个俘虏放在一边，用一根绳子捆起来打一个结，表示十个战俘。然后接着用手指数，够十个再放一堆，这样一个结一个结地打下去，我们不就知道一共俘获了多少俘虏了吗？"

大家都认为这个方法很好，负责统计俘虏的邪曷用这个方法出色地完成了任务。这就是"逢十进一"的十进制的最早由来。

未经许可，不得以任何方式复制或抄袭本书之部分或全部内容。

版权所有，侵权必究。

图书在版编目（CIP）数据

绕不开的数学常识. 生活中的数学 / 韩明编著；张龙腾绘. —— 北京：电子工业出版社，2024.1
（超级涨知识）
ISBN 978-7-121-47089-9

Ⅰ. ①绕… Ⅱ. ①韩… ②张… Ⅲ. ①数学 – 少儿读物 Ⅳ. ①O1-49

中国国家版本馆CIP数据核字（2024）第022934号

责任编辑：季　萌
印　　刷：当纳利（广东）印务有限公司
装　　订：当纳利（广东）印务有限公司
出版发行：电子工业出版社
　　　　　北京市海淀区万寿路173信箱　邮编：100036
开　　本：889×1194　1/20　印张：13.3　字数：345.8千字
版　　次：2024年1月第1版
印　　次：2024年1月第1次印刷
定　　价：138.00元（全6册）

凡所购买电子工业出版社图书有缺损问题，请向购买书店调换。若书店售缺，请与本社发行
部联系，联系及邮购电话：（010）88254888，88258888。
质量投诉请发邮件至zlts@phei.com.cn，盗版侵权举报请发邮件至dbqq@phei.com.cn。
本书咨询联系方式：（010）88254161转1860，jimeng@phei.com.cn。

SUPER KNOWLEDGE

超级涨知识

北京市数学特级教师
司梁 主审

小猛犸童书

韩明 编著
张龙腾 绘

绕不开的数学常识

平面图形

4

电子工业出版社·

Publishing House of Electronics Industry

北京·BEIJING

目录

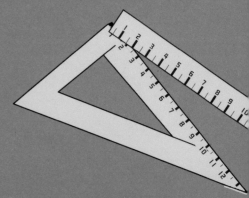

爱跳舞的小笔头——点

小小木人细高个,
写字画画离不开。
三个指头掐住腰,
长短粗细变换多。

难道是小笔头!

没错,就是我,请欣赏我精彩的演出吧!

你跳来跳去,无非就是脚下那些密集的点。

马文,可不能小瞧小笔头,点的学问可大啦!

还是萌小灵懂我啊!

点、线、面都是几何里平面空间的基本元素。点成线,线成面,点是几何中最基本的组成部分。

在通常的意义下,点可以看成零维对象,线可以看成一维对象,面可以看成二维对象。

我们从 38 层电视塔上往下看,下面的行人和车辆都像是一个个可以移动的点。

夜幕中满天星是点

海边的沙子是点

我明白了。

玻璃窗上的雨滴是点

空气中的尘埃是点

4

点没有标准定义，常被描述成空间中只有位置而没有大小的图形。看看右边这几张由点组成的图，说说你们的感受！

确定"多个点的视觉特征"

这组点的图片给我很强的节奏感。

这组螺旋形点的分布图给人一种深入感。

小笔头的舞蹈给我们带来了点的知识！

萌小灵给我们说说什么是几何吧！

几何是研究空间结构及性质的一门学科。它是数学中最基本的研究内容之一。

伟大的数学家——欧几里得，他是古希腊数学家，被称为"几何之父"，他的著作《几何原本》是欧洲数学的基础。几何学正是有了它，不仅第一次实现了系统化、条理化，而且又孕育出一个全新的研究领域——欧几里得几何学，简称"欧氏几何"。

中文中的"几何"一词，最早是在明代利玛窦、徐光启合译《几何原本》时，由徐光启所创，他是明末数学家、科学家、农学家、政治家、军事家，是当时中西文化技术交流的先驱之一。

真了不起啊！

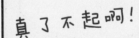

嗨，我换换鞋，给你们表演一段我苦练很久的花样滑冰。

溜冰圆舞曲——线

你们看，冰面上留下了长长短短的线。

萌小灵你刚才说，点动成线，是不是点和线之间有一定关联？

真没想到你除了跳舞，还会溜冰！

线是点运动的轨迹，也可以说线是点的集合。在几何中，线有方向、长短，无宽窄、厚薄。线包括直线、射线、线段、曲线、曲线段等。

能更形象一点吗？

我来讲解，你来绘制！

保证完成任务！那你就叫我小笔头老师吧！

怎么还自封为老师了！

我们首先来认识直线：直线是几何学的基础概念，一点沿一定方向和它的相反方向运动，所形成的轨迹就是直线。直线没有端点，可以向两方无限延伸，不可度量。

直线可以用表示它上面任意两个点的两个大写字母表示（如直线 AB 或 BA），也可以用一个小写字母来表示（如直线 a）。

①   A   B

②   a

看我的表演，哈哈！

还要特别提示：经过两点可以画一条直线，并且只能画一条直线，也就是说两点决定一条直线。

接下来，我们再说说射线。从一个定点出发，沿一个确定方向运动的点的轨迹称为射线，这一点叫射线的端点，也叫原点。

和直线不同的是，射线有且只有一个端点，可以向一个方向无限延伸，不可度量。

射线用表示它的端点和射线上任意一点的两个大写字母表示，并把表示端点的字母写在前面。

如射线 OA，O 就是原点。

最后，我们来讲解一下线段。直线上任意两点间的部分叫线段，这两点叫作线段的端点。

线段有两个性质：

（1）线段有两个端点，有长短，可以度量。

（2）连接两点的所有的线中，线段最短。

线段通常用两个端点的大写字母表示。

如线段 AB 或线段 BA，也可以用一个小写字母表示，如线段 a。

名称	端点	延伸	度量
直线	无端点	只能向两端延伸	不可度量
射线	有一个端点	只能向一端延伸	不可度量
线段	有两个端点	不能延伸	可度量

配合默契！我把前面学过的知识总结了一下，来看这个表吧！

平行的跑道——平行线，垂线

找个大家都能参与的游戏吧！

好主意。

我们来赛跑吧！

跑步就需要跑道，我来画两条平行线当作跑道，旗子垂直插在终点处。

你俩谁最先跑到终点拔下旗子，谁就是胜利者。

小笔头，你画出的跑道是平行线吗？一点也不标准。旗子也是歪的。

小笔头做裁判不合格呀！

对不起啊，我不知道怎么让它们处于标准位置……

小笔头，你别着急。首先，我们要运用到平行线和垂线的概念。

平行线：几何中，在同一平面内，永不相交（也永不重合）的两条直线叫平行线。

生活中常常用到平行线。人行横道、游泳池内的各条泳道都是平行线。

还有铁路的枕木。我喜欢玩的双杠，也都是平行线。

我来给大家介绍一下平行公理：如果两条直线都与第三条直线平行，那么这两条直线也互相平行。如果 $a \parallel b$，$b \parallel c$，则 $a \parallel c$。

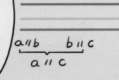

我明白平行线了，萌小灵再来说说什么是垂线吧？

当两条直线相交所成的四个角中，有一个角是直角时，两条直线就是互相垂直的，其中一条直线叫作另一直线的垂线，交点叫垂足。

我们来合作绘图吧，这样更清楚。

图中的线段 DO，即从点 D 到直线 AB 的垂线段的长，就是点 D 到直线 AB 的距离。

不论一条直线的位置如何，只要另一条直线与它的交角是 $90°$，其中任何一条直线就是另一条直线的垂线。
垂线的基本性质是：
（1）过直线上或直线外的一点，有且只有一条直线和已知直线垂直（在同一平面内）。
（2）从直线外一点到这条直线上各点所连的线段中，垂直线段最短。

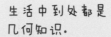

这条绳的直线就是铅垂线，又称重垂线。多用于建筑测量。

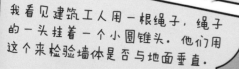

我看见建筑工人用一根绳子，绳子的一头挂着一个小圆锥头。他们用这个来检验墙体是否与地面垂直。

生活中到处都是几何知识。

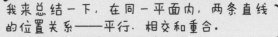

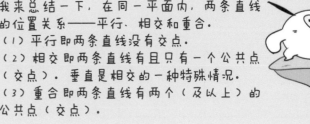

我来总结一下，在同一平面内，两条直线的位置关系——平行、相交和重合。
（1）平行即两条直线没有交点。
（2）相交即两条直线有且只有一个公共点（交点）。垂直是相交的一种特殊情况。
（3）重合即两条直线有两个（及以上）的公共点（交点）。

如果我们在纸上绘制垂线与平行线，有什么好方法吗？

学习几何，少不了线段、图形的绘制。既然你们想了解，那我就把方法告诉你们。

过直线上或直线外一点，画这条直线的垂线的方法：

（1）把三角板的一条直角边紧贴已知直线，使三角板的直角顶点与已知点重合或另一条直角边经过已知点。

（2）沿三角板的另一条直角边画直线，就得到要求的垂线了。

（3）标出两条直线相交成直角的符号。

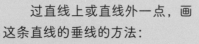

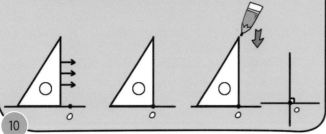

这个方法非常棒啊！

平行线又该如何绘制出来呢？

首先要明确什么是距离。连接两点的线段的长度叫作两点间的距离。平行线之间的距离——两条直线相互平行时，从一条直线上的任意一点向另一条直线引垂线，所得的平行线间的垂线段的长度就是这两条平行线间的距离。

平行线间的距离都是相等的。

聪明的吉雅。

我们需要用直尺和三角板画平行线：
（1）固定三角板，沿一条直角边先画出一条直线。
（2）用直尺紧靠三角板的另一条直角边，固定直尺，然后平移三角板。
（3）沿三角板最初画直线的那条直角边画出另一条直线。
用这种方法，还可以检验两条直线或线段是不是相互平行。

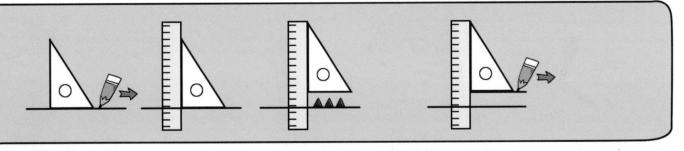

我用这种方法画出了两条标准的平行线。

看来，大家已经完全掌握了绘制垂线和平行线的方法啦！

搞怪的小笔头——直角，钝角，锐角

我是小笔头，本领真叫大。跳一跳，扭一扭，点一点，画一画！啥也难不倒。

别动，小笔头，我又想到一个几何知识点和你们分享。

快说说吧，萌小灵！

如果我们把马文的胳膊看成一条直线，可以模仿出三种不同类型的角。

现在是锐角。

变成钝角啦！

竖直站立，又变成直角了。

什么这个角那个角的，你在说什么？！

我怎么不明白你们在说什么？

萌小灵，关于角的知识，赶紧给我们讲一讲吧。

还是吉雅好学，首先我们来说说什么是角。

【角】由一点引出的两条射线所组成的图形就是角。
【顶点】两条射线的公共端点是角的顶点。
【边】组成角的两条射线是角的边。
【符号】用符号"∠"表示角。

我画出示意图吧。

A　B　C　D　E　F

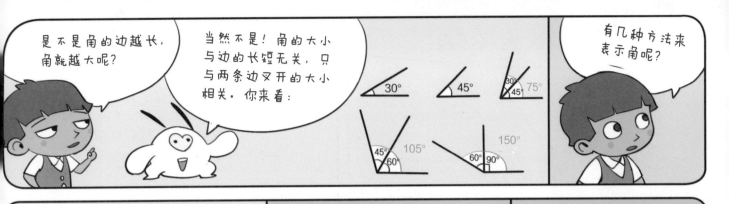

是不是角的边越长，角就越大呢？

当然不是！角的大小与边的长短无关，只与两条边叉开的大小相关。你来看：

有几种方法来表示角呢？

第一种方法：用"∠"和三个大写字母表示。

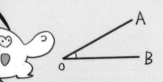

第二种方法：用"∠"和一个大写字母表示。

第三种方法：用"∠"和角的内部靠近顶点的一个数字或者一个希腊字母表示。

萌小灵，刚刚你说的锐角、直角、钝角，如何分辨呢？

锐角是小于90°的角，直角是等于90°的角，钝角是大于90°的角。

温馨提示：三角形内角和为180°，一个三角形中不能同时有两个直角或两个钝角。

钝角、直角和锐角，三个角的命名是如何由来的呢？

"钝刀子割肉——越割越疼"，古人发现这种角与"钝刀子"的形状很相似，因此称为"钝角"。直角嘛，古代造房子时要拉墨线，墨线要求垂直于地面，而这样的角在生活中就称为"直角"。锐角则寓意"锐不可当"，古代军队出击，最重要的是锐气，而这种角与具有锐气的军队阵型相似，因此称为"锐角"。

好生动、形象啊！

13

翻跟头表演——平角，周角

躺在马文的胳膊上可真舒服。

躺平的小笔头近似一个平角。

什么是平角？

听着啊，一条射线绕它的端点旋转，当始边和终边在同一条直线上，但方向相反时，所构成的角就是平角，1平角＝180°。

平角既然是角，它就应符合角的定义，也就是说，它也是由两条射线组成的，只不过这两条射线的方向刚好相反。平角也有顶点，和其他角一样。它是由一点引出的两条射线所组成的角。

快将直线和平角的区别再总结一下。

区别应该有3点：
（1）平角是个角，符合角的定义；而直线是条线。
（2）平角可度量，1平角＝180°；直线不可度量。
（3）还有一个最明显的区别：平角有一个顶点和两条边，而直线则没有。

我明白了！

我来给大家翻一个360°的跟头助助兴。

小笔头翻跟头形成了周角。

怎么？翻跟头也成角了？

只是近似嘛！下面，我仔细地给你讲一下周角的定义——

把一条边固定后，另一条边沿顶点旋转一周就与那条边重合了，当始边和终边完全重合时，所构成的角就是周角，1周角=360°。

1圆周之所以是360°有两种说法：

在古巴比伦王国，使用六十进制数字系统。我们现在常用的进制是十进制，逢十进一，而六十进制则是逢六十进一。如果我们要画一个等边三角形，它的边长等于一个圆的半径，并把它的一个顶点放在圆的中心，那么，我们可以在这个圆内放入6个这样的等边三角形，等边三角形的每个角都是60°。因此，一个圆周就被定义为360°。

另一种说法是由360这个数字本身的性质决定的。因为360容易被整除。360除了1和360两个数外，还有22个真因数，其中包括7以外从2到10的数字，因此很容易等分圆，得到的圆心角度数是整数。以后我再详细讲圆心角的知识。

我们还可以推出以下关系：

1平角=2直角=180°　　1周角=2平角=4直角=360°

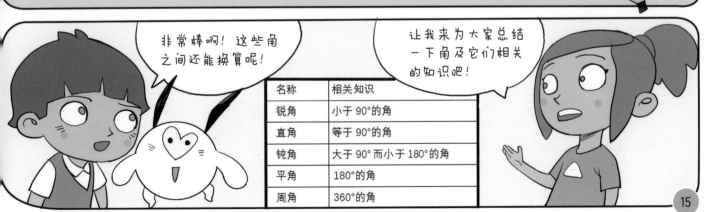

非常棒啊！这些角之间还能换算呢！

让我来为大家总结一下角及它们相关的知识吧！

名称	相关知识
锐角	小于90°的角
直角	等于90°的角
钝角	大于90°而小于180°的角
平角	180°的角
周角	360°的角

那它们为什么相等呢？

这个嘛……我也说不清楚。

我来解答一下吧！∠1＝∠3，∠2＝∠4，因为它们互为对顶角。

为什么对顶角一定相等呢？

两个角有一个公共顶点，并且一个角的两边分别是另一个角的两边的反向延长线，具有这种位置关系的两个角，互为对顶角。

对顶角的范围介于0°到180°之间，对顶角是具有特殊位置的两个角。对顶角相等反映的是两个角之间的大小关系。它的性质为：互为对顶角的两个角相等。

我明白对顶角的概念啦！

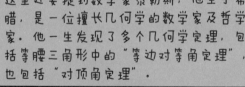

这里还要提到数学家泰勒斯，他生于希腊，是一位擅长几何学的数学家及哲学家。他一生发现了多个几何学定理，包括等腰三角形中的"等边对等角定理"，也包括"对顶角定理"。

我再扩充另外一个知识点，那就是——公共边。所谓公共边，就是两个图形中有两条边重合在一起。常用于全等三角形。有公共边的，公共边通常是全等三角形的对应边。

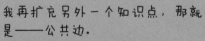

你们组的答案虽然正确，但并没有解释清楚，只能加0.5分。

互打擂台之冠军争夺赛：守擂赛——补角

那你敢来挑战我们的问题吗？在这幅图中，哪两个角互为余角？

这……我哪儿会啊？

我来接招！在数学中——互为余角的两个角相加是 90°！

啊！那我来猜猜看，∠A 是余角，∠B 也是余角。

我们可以这样理解余角——
$\angle A + \angle B = 90°$
即 $\angle A = 90° - \angle B$，
$\angle B = 90° - \angle A$，
从而 $\angle A$ 的余角 $= 90° - \angle A$，
$\angle B$ 的余角 $= 90° - \angle B$

互为余角（简称互余）的两个角都是锐角，不能是直角、钝角或平角。余角是不能单独出现的，只能说 ∠A 和 ∠B 互为余角或者 ∠A 是 ∠B 的余角，千万不能说 ∠A 为余角。

算你们组运气好，这次你们赢了！

什么叫运气好，这是真才实学。

我们再来学一个新的知识点。你们知道什么是补角吗？当两个角的和等于 180° 时，这两个角互为补角，一个角叫作另一个角的补角，如下图，$\angle aoc + \angle cob = 180°$，所以这两个角互为补角。

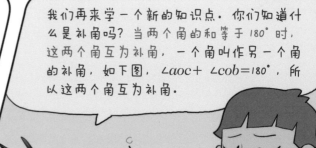

也就是说，如果两个角的和是一个平角，那么这两个角就互为补角。

互余的两角必然都是锐角。互补的两角必然其中一个为钝角或直角。

邻补角的性质：

（1）具有一个公共顶点，并且有一条公共边。

（2）两个角的另一边互为反向延长线。

（3）邻补角是成对出现的，而且互为邻补角。

（4）互为邻补角的两角相拼为平角。

（5）互为邻补角的两角互补，即相加为180°。

我现在要花一点时间，给大家解释一下什么是同角，什么又是等角。

同角：终边和始边的位置都相等的两个角，如右图所示，∠A 就是两个三角形的同角。

等角：顾名思义就是相等的角，即角度大小相等的角。如右图所示，∠B = ∠C。

是啊，是啊！

等角的性质：

（1）等角的余角相等；

（2）等角的补角相等；

（3）等角定律：如果一个角的两边和另一个角的两边分别平行，并且方向相同，那么这两个角相等。

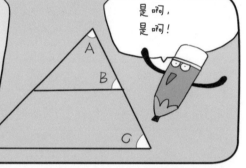

数量关系	互余	互补
对应图形		
性质	等角的余角相等	等角的补角相等

出几道题，试一试吧！

【问题一】

图一：已知∠1和∠2互为余角，且∠1为30°，请问∠2多少度？

图二：已知∠3和∠4互为补角，且∠1为60°，请问∠4多少度？

∠1+∠2=90°
∠1=30°,
∠2=?

∠3+∠4=180°
∠3=60°,
∠4=?

【问题二】仔细观察图中给出的各角，将互为余角的用红线连接，互为补角的用绿线连接。

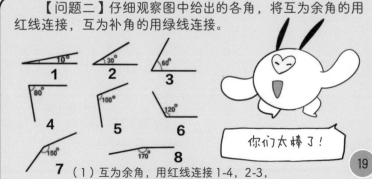

（1）互为余角，用红线连接1-4，2-3，

（2）互为补角，用绿线连接1-8，2-7，3-6，4-5，

你们太棒了！

19

牛人闹笑话——同位角，内错角，同旁内角

一点儿都不谦虚，你顶多是个牛皮！

对了，我们这么棒算不算是"牛人"啊！

当然是"牛"字啦！

这是什么啊？

分明是错别字嘛，少写了一撇。

哈哈，不好意思。我真是有点儿得意忘形了！

牛人闹笑话了！我们这里要找"牛人"，那一定是萌小灵。

本"牛人"就再教你们一个"火眼金睛"的本事！有了这个本事，很快就能辨析出哪一对是同位角，哪一对是内错角，哪一对又是同旁内角了。

快说说看。

两条直线 a、b 被第三条直线 c 所截，会出现"三线八角"，其中有4对同位角，2对内错角，2对同旁内角。两条直线被第三条直线所截时，在截线的同侧，且在两条被截线的同旁的两个角互为同位角。图中 $\angle 1$ 与 $\angle 5$、$\angle 4$ 与 $\angle 8$、$\angle 2$ 与 $\angle 6$、$\angle 3$ 与 $\angle 7$ 都具有同位角的特征。

什么又是内错角呢？

20

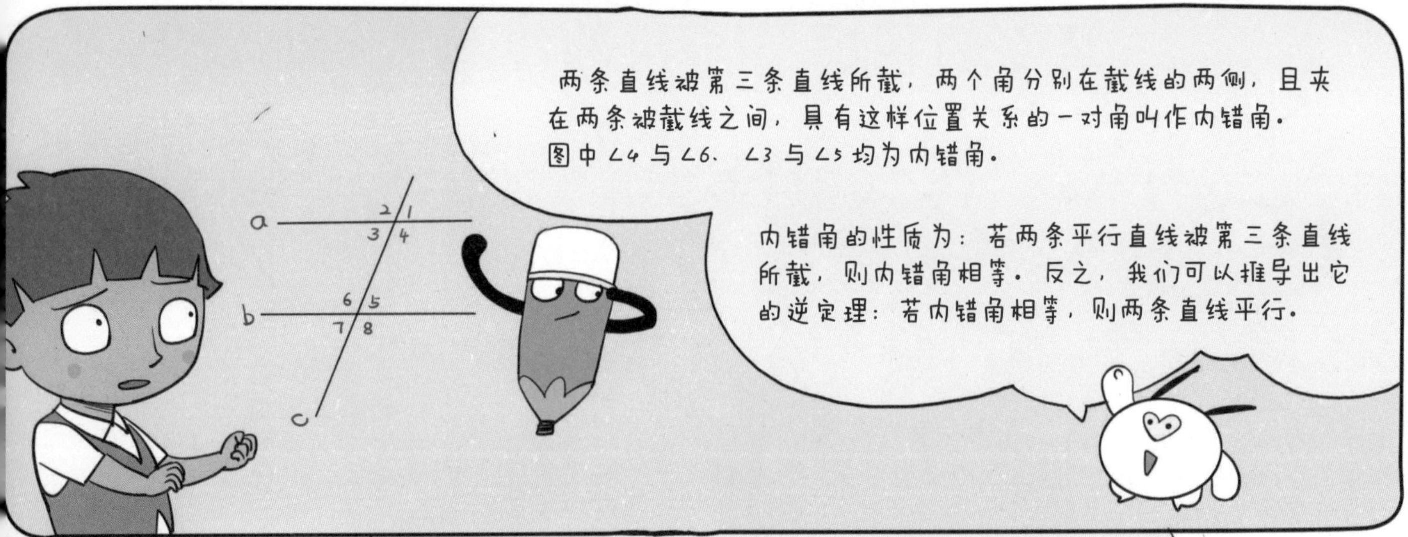

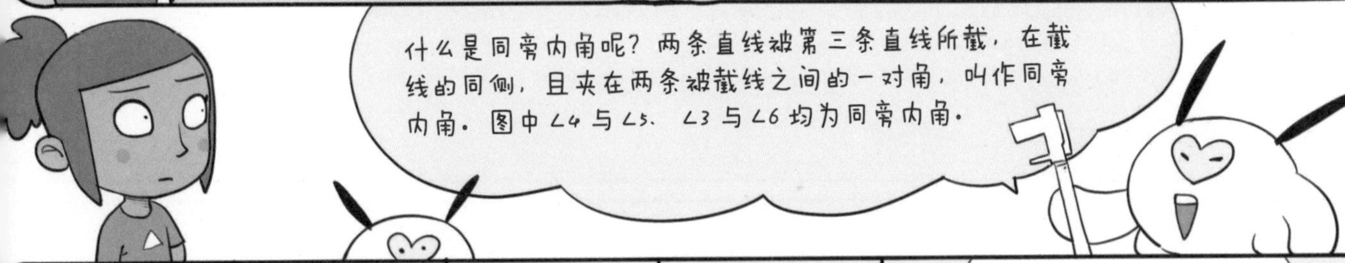

两条直线被第三条直线所截，两个角分别在截线的两侧，且夹在两条被截线之间，具有这样位置关系的一对角叫作内错角。图中∠4与∠6、∠3与∠5均为内错角。

内错角的性质为：若两条平行直线被第三条直线所截，则内错角相等。反之，我们可以推导出它的逆定理：若内错角相等，则两条直线平行。

什么是同旁内角呢？两条直线被第三条直线所截，在截线的同侧，且夹在两条被截线之间的一对角，叫作同旁内角。图中∠4与∠5、∠3与∠6均为同旁内角。

告诉大家一个关于三线八角的口诀：一看三线，二找截线，三查位置来分辨。

其实就是解题"三步走"嘛！

角的名称	位置特征	基本图形	结构特点
同位角	在截线的同侧，且在两条被截线的同旁。		F形
内错角	在截线的两侧，且在两条被截线之间。		Z形
同旁内角	在截线的同侧，且在两条被截线之间。	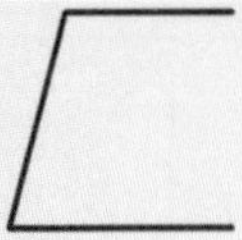	C形

马文的困惑——角的度量

看，那里有一只好漂亮的蝴蝶啊！

难得你也有问题。哈哈，太阳从西边出来了。

我们的身高、体重都可以度量，那"角"的大小我们要怎样才能知道呢？

这真是一个值得思考的重要问题啊！

关于角的度量，我给大家介绍一个非常实用的用具——量角器。

好像是一把打开的扇子。

我们来学习一下量角器的相关知识。

角的计量单位是"度"，用"°"表示，把量角器平均分成180份，每一份所对的角叫作一度角，记作"1°"。

90 刻度线

内刻度　　　　中心点　　　　零刻度线

量角器上有许多刻度，为了使用方便，把这些刻度分成了两圈，里面的一圈叫内刻度，外面的一圈叫外刻度。圆心也就是量角器的中心。通过中心的这条直线，叫作零刻度线。

量角器怎么使用呢？

当我们要测量一个角的度数时，可以——

（1）把量角器放在所画的角上，然后找到角的顶点，使量角器的中心和角的顶点重合，然后使角的一边和零刻度线重合。

（2）看角的另一边落在量角器的哪个刻度上，这个角的度数就是多少。

（3）需要注意的是，量角器有内外两圈刻度，当零刻度线在内圈时，就读取内圈的度数；当零刻度线在外圈时，读取外圈的度数。

量角器不但可以量取角度，而且可以画任意角度的角。

大家自己动手试一试吧！

已知一个角为65°，我们要画出这个角时，可以这样做——

（1）先画出一个顶点。

（2）拿直尺画一条直线，与点相连，形成一条射线。

（3）取出量角器，注意量角器的中心和射线的端点重合，零刻度线和射线重合。

（4）看当零刻度线所在圈的度数，在65°这里点一个点。

（5）把量角器拿开，以射线的端点为顶点，与刚才点的点连线，这时所形成的角就是我们要的65°角了！

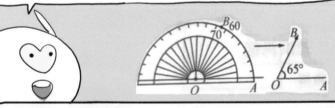

量角器可真是一个神器啊！

1 个直角	$\frac{1}{4}$ 个周角	90°
2 个直角	$\frac{1}{2}$ 个周角	180°
3 个直角	$\frac{3}{4}$ 个周角	270°
4 个直角	1 个周角	360°

对称图形有很多，比如旋转对称图形、轴对称图形、中心对称图形……

先来说说轴对称图形，如果一个图形沿一条直线对折后两部分完全重合，这样的图形就是轴对称图形。

另一种形式，如果一个图形绕某一点旋转180°，旋转后的图形和原图形完全重合，那么这个图形就是中心对称图形。这个中心点，就叫作中心对称点。

蝴蝶就是轴对称图形，我来看看它的对称轴。

很多建筑都是利用轴对称原理修建的。

对称更是一种美。

那生活中有没有中心对称图形呢？

这些花朵就是中心对称图形啊！

再举几个旋转对称图形的例子吧！请看——

你们看，那朵红色的花，如果取两片花瓣，搭在一起，真像蝴蝶结啊！

我来看看，嗯，两片花瓣不仅形状相同，而且连大小也一样！

　　若两个几何图形的形状相同且大小相等，则称这两个图形是全等图形。全等是相似的一种特例。当相似比为 1 时，两图形全等。在数学中，两个图形可以完全重合，那么这两个图形是全等图形。

　　"全等"用符号"≌"表示，读作"全等于"。

　　两个多边形全等，互相重合的顶点叫对应顶点，互相重合的边叫对应边，互相重合的角叫对应角。

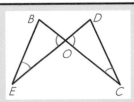

注：△BEO ≌ △DCO

注：如果两个三角形的两个角及其中一个角的对边分别对应相等，那么这两个三角形全等。

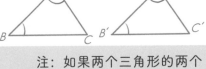

想找朋友的狮子——周长，面积

你们看，这有一个路标指示牌。

呜呜……呜呜……谁都不理我！

快跑，这有一头狮子！

狮子先生，有什么可以帮你的吗？

我很孤独，朋友们看见我都会远远地走开。

这一脑袋大鬃毛，使我显得凶巴巴的，毫无亲和力。

改变自己，让更多的人接纳你。这是个好主意，可是你得找专业的美发师修理你的鬃发。

图形家园有位机器人美发师。不过，他只在每年年底，才会到我们那里，帮动物们理发。我还要度过那么多孤单的日子，唉……

我们想办法把他请过来吧！

真的可以吗？！那太谢谢你们了。

门上写着"回答正确大门自动开启。什么是周长？面积的概念是什么？"

图形家园到了！

萌小灵加油啊，这回全靠你了！

周长就是图形一周的长度。

当物体占据的空间是二维空间时，所占空间的大小叫作该物体的面积。面积可以是平面的，也可以是曲面的。平方米、平方分米、平方厘米都是面积单位。

门开了。周长和面积原来是这么一回事儿。

这里面就是图形家园了，怎样才能找到那位机器人美发师呢？

这位机器人美发师的身体是由各种几何图形组成的，而这些几何图形平日都有各自的工作，想把他们凑一起可不容易啊。

一定记得他们身上全都佩戴着金质徽章，那是它们的统一标志。

那我们就分头寻找吧，节约时间。

同意！

27

灵活的右手——长方形

强壮的左手——正方形

我没有原谅你，你居然还笑得出来！我可是强壮的左手，要是打起架来，还不知道谁是最后的赢家呢？

正方形，你要注意说话的态度哦！好好说话才能解决问题。

多亏了吉雅，好了，我不和你吵啦。咱们俩只有协调配合，才能更好地做事。

好像有道理。

所以，我们和好吧！

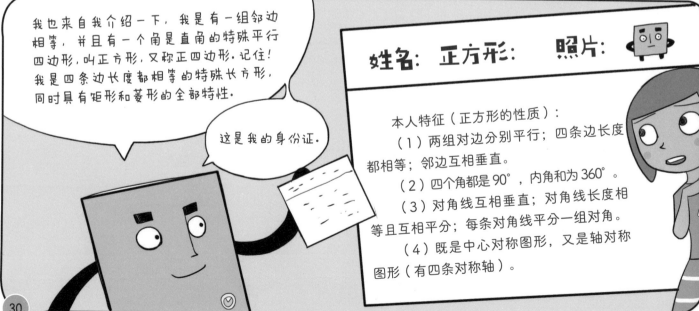

我也来自我介绍一下，我是有一组邻边相等，并且有一个角是直角的特殊平行四边形，叫正方形，又称正四边形。记住！我是四条边长度都相等的特殊长方形，同时具有矩形和菱形的全部特性。

这是我的身份证。

姓名：正方形：　　　**照片：**

本人特征（正方形的性质）：

（1）两组对边分别平行；四条边长度都相等；邻边互相垂直。

（2）四个角都是90°，内角和为360°。

（3）对角线互相垂直；对角线长度相等且互相平分；每条对角线平分一组对角。

（4）既是中心对称图形，又是轴对称图形（有四条对称轴）。

队列演习——三角战队

全体队员稍息。立正！请大家听令——按边长不同，分为三列纵队。
第一列：普通三角形
第二列：等腰三角形
第三列：等边三角形

注意，我要变换口令啦——按角度不同，分为三列纵队。
第一列：锐角三角形
第二列：直角三角形
第三列：钝角三角形

小三角形，听好口令。分类的标准不一样，可别站错队啦！

三角形按边长分类		
名称	图形	特征
任意三角形	△	三条边不一定相等
等腰三角形	△	有两条边相等
等边三角形	△	三条边都相等

三角形按角度分类		
名称	图形	特征
锐角三角形	△	三个角都是锐角
直角三角形	◿	有一个角是直角
钝角三角形	◺	有一个角是钝角

其实，队长，也可以分为两列纵队啊！

什么？两列纵队？那怎么分？

因为锐角三角形和钝角三角形统称斜三角形。所以，它们可以编入一队。

你可真是厉害！

彩虹山谷中的难题——三角形的四线、性质、周长及面积

你们为什么要进行队列演习呢?

为锻炼身体,加强意志,队长还会利用空闲时间给我们讲很多三角形的知识,让我们备感骄傲与自豪。

大家准备好背包和水壶,即刻出发。

今天我要给大家讲一讲我们三角形的"四线"知识。

(1)中线——连接三角形的一个顶点及其对边中点的线段就是三角形的中线。

(2)高——从一个顶点向它的对边所在的直线画垂线,顶点和垂足之间的线段就是三角形的高。

(3)角平分线——三角形一个内角的平分线与这个角的对边相交,这个角的顶点到该交点的线段就是三角形的角平分线。

(4)中位线——三角形的三边中任意两边中点的连线就是中位线。它平行于第三边且长度等于第三边的一半。

大家看这里,有一位尊贵的客人来到了咱们的队伍里,让我们用热烈的掌声请他出场。

34

我非常喜欢三角形，因为许多图形是由三角形变化而来的。衣架、彩旗、树叶等，生活中太多的物品有三角形的影子。

三角形的特征如下：

（1）三角形有三条边、三个内角。

（2）三角形任意两边之和大于第三边。

（3）三角形任意两边之差小于第三边。

（4）三角形内角和为180°，外角和为360°。

（5）三角形一个角的外角等于与其不相邻的两个内角之和。

（6）三角形具有结构稳定性。

三角形的稳定性使三角形天然具有稳固、坚定、耐压的特点，这在生产、生活中有着极为广泛的应用。

您答应我的请求了？太好啦！

不就是请机器人美发师嘛！没问题，包在我身上！

这是裁缝菱形，他那双巧手在我们这里可是最出名的。

你们俩看上去还真有些像呢！

我和平行四边形是好朋友，因为：
（1）一组邻边相等的平行四边形是菱形。
（2）对角线互相垂直的平行四边形是菱形。
（3）四边相等的四边形是菱形。

菱形的事情我都知道——
（1）菱形具有平行四边形的一切性质。
（2）菱形四边相等。
（3）菱形每条对角线平分一组对角。
（4）菱形是中心对称图形，也是轴对称图形。

你的身份证居然又毛了，早跟你说做个小包，这次长记性了吧！

早听你的就不会出麻烦了！

我和好朋友吉雅也经常互相帮忙。

你知道吗？我们俩连求面积的公式都一样！
平行四边形的面积公式为底×高，我们菱形的面积公式也是底×高。

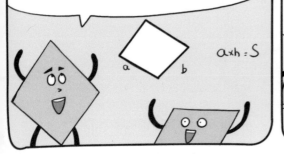

$a \times h = S$

那你们求周长的公式也是一样的吗？

有点区别，我的周长是四边之和。平行四边形的周长＝2×（边长＋边长）。因为菱形是四边相等的四边形，所以菱形的周长等于4倍的边长。

我们还有一个共同点——都有金质徽章。

梯形合唱团 ——梯形的特征、周长及面积

这就是大名鼎鼎的梯形合唱团吧！

请大家准备好！

小笔头，这是我的两位新朋友——平行四边形和菱形。

你们好啊，我是小笔头。

梯形和平行四边形的关系也很密切。梯形是只有一组对边平行的四边形。平行的两边叫作梯形的底边；较长的一条底边叫下底，较短的一条底边叫上底；另外两边叫腰，夹在两底边之间的垂线段是梯形的高。

上底 **腰** **腰** **高** **下底**

梯形分类

一般梯形

直角梯形

等腰梯形

这么说，合唱队员你都认识。

那当然，而且都非常熟悉。他们可是我们图形家园中唯一的合唱队，梯形合唱队队员们的演唱非常精彩！你们看，合唱队的指挥就是等腰梯形。

他长得好特别啊！

果然是这样的：
（1）等腰梯形的两腰相等。
（2）等腰梯形在同一底上的两个底角相等。
（3）等腰梯形的两条对角线相等。
（4）等腰梯形是轴对称图形，对称轴是上下底边中点的连线所在直线（过两底边中点的直线）。

真有意思，连店员都是六边形的。

这个甜品屋怎么是六边形的？哇！这里有蜂蜜蛋糕、蜂蜜椰子冻、蜂蜜糖浆、蜂胶糖、蜂蜜水……

欢迎光临六边形甜品屋。我们六边形是多边形的一种。

六边形甜品屋

当然。你知道吗？所有六边形的内角和都是720°，外角和为360°。

当正六边形内接于圆时，圆的半径刚好等于正六边形的边长，正六边形最长的对角线就等于圆的直径。

那你是正六边形吗？

在自然界中，苯与石墨的分子结构、蜂窝结构等都呈正六边形。

六边形甜品屋

你们这个甜品屋建筑好有特色，把它画出来容易吗？

我来教你，我们正六边形要用圆规和直尺来绘制（尺规作图）。

第一步：画一条水平线，通过此线上的任意点做一个圆。

第二步：以该圆与线的交点为圆心，分别画出与该圆半径相同的圆，与该圆交于4点。

第三步：依顺序连接这4个点和该圆与水平线的交点，就得到了正六边形。

这里的蛋糕太好吃了吧!

1、2、3、4、5、6,我发现,正六边形蛋糕可以切割成六个一模一样的小三角形蛋糕。

是的,正六边形由六个等边三角形组成,正六边形的面积 = 三角形面积 × 6.

你总说正六边形,难道还有不正的六边形吗?

我们六边形可以分为等边但不等角的六边形和等角但不等边的六边形。我还是给大家画张图说明吧!

等边但不等角六边形

等角不等边六边形

请大家品尝一下我们六边形甜品屋研制的新品——蜂蜜棒棒糖。
偷偷告诉你们,我是机器人美发师身上的特需传感器。

我发现,你也有金质徽章!

太好了,我就是为这个事情来的。在动物乐园里,有一只急需剪发的狮子先生,他因为形象问题,连一个朋友也没有,十分可怜。

很遗憾,机器人美发师不光我一个部件,我们是一个组合体,你虽然找了正方形和长方形,但还需要有三角形、梯形、平行四边形等。我们一年才聚一次,所以狮子先生只能等等了。

我和我的朋友们已经在寻找其他形状了。

那这样吧,你们把其他部件成员找来,我们即刻组装。

规定是可以变通的啊,您看店里刚刚推出的新品蜂蜜棒棒糖,不是就大获成功了吗?

我带你去找圆吧，它可是机器人美发师身上最关键的启动按钮。

圆的架子大，不太好接触，可在我看来，他也没有什么了不起的。

太好了！

圆形是一个看似简单实则非常奇妙的形状。古埃及人甚至认为圆是神赐予我们人类的神圣图形。古代人最早是从太阳和满月得到圆的概念的。

后来，人们慢慢探索得出结论：搬运重物时，把几段圆木垫在重物下滚着走，会非常省力。

任意一个圆的周长与它直径的比率，叫作圆周率，用字母 π 表示。我们在实际运用中只需取它的近似值，即 π ≈ 3.14。

圆在我们的生活中应用太广泛了。

π ≈ 3.14

这就是圆的家，我们到了。

请来访者判断以下题目的对错，回答正确者方能按响门铃。

（1）在一个平面内，围绕一个点并以一定长度为轴旋转一周所形成的图形就是圆。

（2）圆有无数条半径和无数条直径。

（3）圆是轴对称、中心对称图形。圆有一条对称轴，对称轴是直径所在的直线。

最后一句话错了，应该是——圆有无数条对称轴！

当你在（　）内填入正确答案时，台阶会自动降低，欢迎挑战！

（1）连接圆心和圆上的任意一点的线段叫作（　）。

答案：半径。

（2）连接圆上任意两点的线段叫作（　）。在同一个圆内最长的弦是（　）。直径所在的直线是圆的对称轴，因此，圆的对称轴有（　）。

答案：弦，直径，无数条。

（3）圆上任意两点间的部分叫作（　），简称（　）。

答案：圆弧、弧。

（4）顶点在圆心上的角叫作（　）。顶点在圆周上，且它的两边分别与圆有另一个交点的角叫作（　）。圆周角等于相同弧所对的圆心角的（　）。

答案：圆心角，圆周角，一半。

你们居然通关了，凡是和我有相同爱好的朋友我都欢迎，请进吧。

尊敬的圆，我们需要你的帮助，合力唤醒机器人美发师。

来吧，和我一起将圆的周长和面积公式大声念出来。一旦完成，我即刻同意。

圆的周长公式：2×π×半径
圆的面积公式：π×半径的平方

盛大的狂欢节——七巧板

所有几何图形立即组合成了机器人美发师。

机器人美发师，给狮子先生剪个平头！耳朵后面的鬃毛都剪掉！

机器人美发师果然名不虚传啊！我感觉自己变帅了！是不是也没有那么凶了？

已经和大家约好，每个月都会过来一次为大家服务。

我们能帮狮子先生重塑形象，建立自信，真是太好了。回去后，我要把新认识的图形朋友全都绘制出来。

我们还在图形家园中结识了这么多好朋友，真是太有意义了！

几何图形是从实物中抽象出的各种图形，生活中到处都有几何图形的身影。

无穷尽的丰富变化使几何图案本身拥有着无限魅力。

几何图形又可以分为立体几何图形和平面几何图形。

我们认识的这些新朋友都属于平面几何图形。这次有趣的经历，让我在最初的基础上，还了解到了图形的特征、分类以及求各自周长和面积的公式。

名称	图形	周长	面积
长方形		长×2+宽×2 或(长+宽)×2	长×宽
正方形		边长×4	边长×边长
三角形		边长a+边长b+边长c	底×高÷2
平行四边形		(底1+底2)×2	底×高
梯形		上底+下底+两个腰长	$\frac{1}{2}$(上底+下底)×高
圆		π×直径 或2π×半径	π×半径×半径

我国古代的益智玩具"七巧板"就用到了这些几何图形。

七巧板是中国民间流传的益智玩具。它是由宋代的燕几（又称宴几）演变而来的，原为文人的一种室内游戏，后在民间演变为拼图板玩具。七巧板可拼成许多图形、图案。

在18世纪，七巧板流传到了国外。至今，英国剑桥大学的图书馆里还珍藏着一部《七巧新谱》呢！

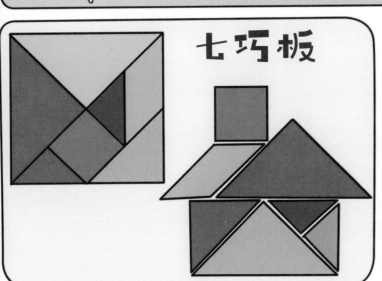

七巧板

一起努力，变换出更多的新图案吧！

图书在版编目（CIP）数据

绕不开的数学常识. 平面图形 / 韩明编著；张龙腾 绘. —— 北京：电子工业出版社，2024.1

（超级涨知识）

ISBN 978-7-121-47089-9

Ⅰ. ①绕… Ⅱ. ①韩… ②张… Ⅲ. ①数学 – 少儿读物 Ⅳ. ①O1-49

中国国家版本馆CIP数据核字（2024）第022939号

责任编辑： 季 萌

印　　刷：当纳利（广东）印务有限公司

装　　订：当纳利（广东）印务有限公司

出版发行：电子工业出版社

　　　　　北京市海淀区万寿路173信箱　邮编：100036

开　　本：889×1194　1/20　印张：13.3　字数：345.8千字

版　　次：2024年1月第1版

印　　次：2024年1月第1次印刷

定　　价：138.00元（全6册）

凡所购买电子工业出版社图书有缺损问题，请向购买书店调换。若书店售缺，请与本社发行部联系，联系及邮购电话：（010）88254888，88258888。

质量投诉请发邮件至zlts@phei.com.cn，盗版侵权举报请发邮件至dbqq@phei.com.cn。

本书咨询联系方式：（010）88254161转1860，jimeng@phei.com.cn。

★ SUPER KNOWLEDGE ★

超级涨知识

北京市数学特级教师　　　　　　韩明 编著
司梁 主审　　　　　　　　　　张龙腾 绘

小橘灯童书

绕不开的
数学常识

5

立体图形

电子工业出版社
Publishing House of Electronics Industry
北京·BEIJING

目录

我明白了，平面图形是二维空间，立体世界则属于三维空间。

三维空间能直接反映大小、远近、深度、方向等特性。看看远处的那些房屋和树木……

你知道吗？二维平面和三维空间是一对分不开的好朋友。

这是什么？谁在乱扔垃圾！

猫咪俱乐部
　　我是白猫五月半的主人，因爱宠孤单，本人将利用院子的空余空间搭建猫咪俱乐部，内设游戏室、大型猫爬架等。希望更多的爱猫人士能参与其中。
幸福大街 28 号
史密斯太太

别动，上面有字。看看写了什么？

是一位养猫人士发起的邀请函。

爷爷总是对着我的猫咪豆豆大呼小叫。如果有一个能让豆豆撒欢玩的地方，我当然愿意带它过来。

我今天必须追上你！

要不我们过去看看吧？！

邀请函的落款写的是史密斯太太，还有她家的地址呢！

好主意！

出发！目的地——幸福大街 28 号。

访问幸福大街 28 号——几何体

这里就是幸福大街了.

28 号应该就是这处房子.

敲了这么久没人出来, 史密斯太太可能不在家.

你看, 她桌上还放着一本《立体几何学》呢!

看来史密斯太太非常喜欢研究立体几何.

我们了解过平面几何知识, 可不知道它和立体几何有什么区别.

（1）所含平面数量不同. 前者是存在于一个平面上的图形, 如正方形, 而后者是由一个或多个平面（或曲面）形成的立体, 且各部分不在同一平面（或曲面）内, 如圆柱. 圆锥.

（2）性质不同. 前者是由不同的线组成的, 而后者是由不同的平面图形构成的.

（3）观察角度不同. 前者只能从一个角度观察, 而后者可从不同的角度观察.

（4）属性不同. 前者具有长. 宽的属性, 而后者具有长. 宽. 高的属性.

原来是这样啊!

长方形

平面几何

长方体

立体几何

几何体一般包括长方体、正方体、球体、圆柱体、圆锥体、棱柱体、棱锥体等，生活中的很多图形都可以抽象成这些立体图形。

箱子是长方体，地球仪是球体，魔方是正方体，沙堆近似圆锥体！

咦？几位小客人，找我有事吗？

史密斯太太突然回来。

您就是史密斯太太吧，我们看到了您贴的告示，想参与其中，为您助力呢！

我们可以顺便跟您学习一些几何知识吗？

那可真是太好了，大家快请进屋坐一会儿吧。

去年5月15日，朋友送我一份特别的生日礼物——就是你们眼前这只"小可爱"。

这就是"五月半"名字的由来呀。

我有工作，白天不能陪它，所以我想在自家后院搭建猫咪俱乐部，让它成为猫咪们共同的游乐场所。

这堆木料，都是我为制作猫咪游乐园准备的材料。

我们也行动起来吧！

可真是个大工程呢！

对，先弄清楚理论知识，再去做事，一定事半功倍！

搭建游乐园肯定需要立体几何的知识吧？您给我们讲讲。

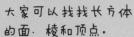

大家可以找找长方体的面、棱和顶点。

长方体有6个面。

长方体一共有12条棱。

长方体一共有8个顶点。

长方体的面

长方体有6个面，每个面都是长方形（有可能有2个相对的面是正方形），有3对相对的面。相对的面形状相同，面积相等。

长方体的棱

长方体有12条棱，其中有3组相对棱，每组相对的4条棱互相平行，长度相等（有可能8条棱长度相等）。相邻的两条棱互相垂直。

长方体的顶点

长方体有8个顶点，相交于一个顶点的3条棱分别叫作长方体的长、宽、高。一般情况下，把底面中较长的一条棱叫长，较短的一条棱叫宽，垂直于底面的棱叫高。

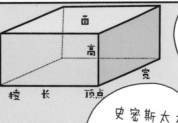

五月半的游戏室——对角线，对角线的应用，对角线构图

宝贝，快出来。欢迎我们的小客人！

看，我的五月半蜷成团睡觉时，就像一个白绒球，可爱极了！

"喵喵小屋"里有秘密哦，你们谁愿意伸手摸一摸？

我来！

里面怎么会发出叮当叮当的声响呢？

我在对角线的位置安了小铃铛呀！五月半很喜欢玩。

什么是对角线？

再给我们讲讲吧！

对角线是几何名词。对角线是指连接多边形任意两个不相邻顶点的线段，或者连接多面体任意两个不在同一面上的顶点的线段。

研究多面体时，我们通常称多面体同一个面内的对角线为面对角线，作为对比，称多面体自身的对角线为体对角线。

由三角形三个顶点能确定它的位置、形状和大小；当没给出顶点时，由三角形的其他元素（三条边、两条边＋一个夹角、两个内角＋一条边）也能确定。所以，确定了三角形的三条边长时，就完全确定了三角形的面积和形状，无法发生形变，这就是三角形的稳定性。而其他多边形（如四边形）的所有边长确定时，还可能发生形变。

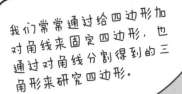

我们常常通过给四边形加对角线来固定四边形，也通过对角线分割得到的三角形来研究四边形。

在平面几何知识中，我们可以利用对角线来判定特殊的四边形。

（1）对角线互相平分的四边形是平行四边形；
（2）对角线互相平分且相等的四边形是矩形；
（3）对角线互相平分且垂直的四边形是菱形；
（4）对角线相等且互相垂直平分的四边形是正方形；
（5）对角线相等的梯形是等腰梯形。

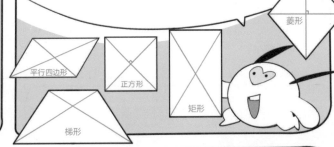

我明白了，五月半的游戏室内部构造就应用了对角线。

长方体的对角线，是位于长方体上下底面的、不在同一侧面的两个顶点之间的线段。

对角线在生活中的应用可广泛了！如脚手架、对角线钳、对角线捆绑……它们都利用了三角形的稳定性特征，来更好地固定物体。

在摄影中，对角线构图也是非常重要的！

我感觉对角线是长方形画框中最长的直线，当它作为引导线时，仿佛能带着观众的视线"走遍"整个画面。

把主体安排在对角线上，有立体感、延伸感和运动感。

以前您当建筑设计师时，画过那么多图纸，您能给我们讲一讲，如何手绘一个标准的长方体吗？

这一点儿也不难，我来和你们分享长方体的秘密绘图法。

首先根据长方体的摆放方式来确定构图。如果横放，那么构图一般采取横构图；如果竖放就采用竖构图，位置居中偏上。

（1）用直尺画出平行四边形 *ABCD*，以此作为长方体的底面。*AB* 等于长方体的长，*AD* 等于长方体的宽。

（2）过点 *A*、*B* 分别画 *AB* 的垂线 *Aa*、*Bb*。过点 *C*、*D* 分别画 *CD* 的垂线 *Cc*、*Dd*，长度都等于于长方体的高。

（3）把点 *a*、*b*、*c*、*d* 依次连接起来，形成顶面四边形。

（4）把被遮挡住的线段，改成虚线。

这个长方体写作 *ABCD-abcd*，也可以简化用长方体的对角线表示为：长方体 *Ac*。

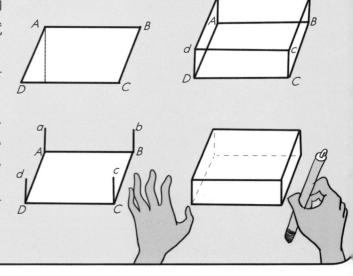

这个小淘气，把我的旅行箱都碰倒了。它们可都是跟我走南闯北的大功臣啊！

生活中长方体的物品可真多！这是为什么呢？

因为用长方体的箱包或盒子盛放物品，容量大且牢固，搬运时不易滚动，垒起来运送还节省空间。

您的旅行箱为什么用塑料布包裹上？

怕日晒雨淋嘛！

这么多旅行箱，要用多少塑料布啊？！

塑料布的面积大约和长方体旅行箱的表面积一样大。

什么是表面积？

表面积是指物体表面的大小。在计算长方体的表面积时，可以应用以下公式：

长方体的表面积＝（长 × 宽 ＋ 宽 × 高 ＋ 长 × 高）× 2

来自荷兰的纪念——长方体的体积

看，这是我在荷兰买的，是一个漂亮的木制奶箱，我一直没舍得扔掉。

奶箱画着郁金香、风车、木鞋，全是荷兰的标志。

你们知道这个奶箱的体积是多少吗？

什么是体积呢？

物体所占空间的大小，就是物体的体积哦！

长方体的体积＝长 × 宽 × 高

因为长方体也属于棱柱的一种，所以棱柱的体积公式它也同样适用。
长方体体积＝底面积 × 高

这个奶箱的体积为 12285 立方厘米，它的长为 35 厘米，宽为 27 厘米。孩子们，你们知道这个奶箱的高是多少吗？

这回我要动动脑筋。

长方体的体积＝长×宽×高，那我可以将公式变形为：

长方体的高＝体积÷长÷宽，再将各个数值代入，奶箱的高就知道了！也就是 12285÷35÷27＝13（厘米），奶箱的高为 13 厘米。

这都难不倒你啊！

来看看我在智利旅行时，买到的一个铜块。它高为 80 厘米，底面积为 98 平方厘米。每立方厘米铜块的质量为 8.5 ~ 8.9 克，你们知道这个铜块有多重吗？

长方体的体积＝底面积×高，可以直接求出长方体的体积。再将得数与 8.5、8.9 分别相乘，就可以算出铜块的质量啦！

铜块的体积：98×80＝7840（立方厘米）

7840×8.5＝66640（克）

7840×8.9＝69776（克）

这个铜块的质量在 66640 ~ 69776 克之间，也就是约为 66.64 ~ 69.776 千克。

真是好聪明的孩子啊！

五月半的午饭——长方体的容积

我的小五月半，马上开饭了哦！

今天我给它做的是鱼泥蒸蛋。

哇——听着就想流口水！

让我们也一起尝尝鲜吧。

没问题，我先要从冰柜里把鱼拿出来。你们看看我这台冰柜，从外面量长1米，宽0.55米，高1.2米；从里面量长90厘米，宽44厘米，高65厘米，这台冰柜所占的空间有多大，它的容积是多少？

我饿着肚子，没有思考的能力，体积和容积，都是什么？！先吃饭，不行吗？！

冰柜所占空间就是体积，知道它的长宽高就可以啦！

你难道不饿吗？

体积与容积的计算方法是相同的。

物体所占空间的大小，叫做物体的体积。容器所能容纳物体的体积，叫做它的容积。可见，容积也是体积，它们的内涵核心是"所占空间的大小"。

我来算算看——
先统一单位名称：90厘米＝0.9米，44厘米＝0.44米，65厘米＝0.65米
冰柜所占空间：1×0.55×1.2＝0.66（立方米）
冰柜的容积：0.9×0.44×0.65＝0.2574（立方米）
答案有啦！冰柜所占的空间是0.66立方米，容积是0.2574立方米。

体积和容积是两个不同的概念，它们的区别是：

容积

体积

（1）意义不同。体积是指物体外部所占空间的大小。容积是指容器（箱子、仓库、油桶等）的内部体积。

（2）测量方法。计算物体的体积要从物体外面去量。因为物体都有一定的厚度，所以物体的容积或容量要从容器里面去量。

（3）计算单位有时不同。体积常用的体积单位有立方米、立方分米、立方厘米等。计算容积时，一般用体积单位，但计算液体的体积时，要用容积单位，常用的容积单位有升、毫升（1升＝1立方分米，1毫升＝1立方厘米）。

我负责烤面包和苹果派，你们负责把餐椅放好。

太好了，您就放心吧！

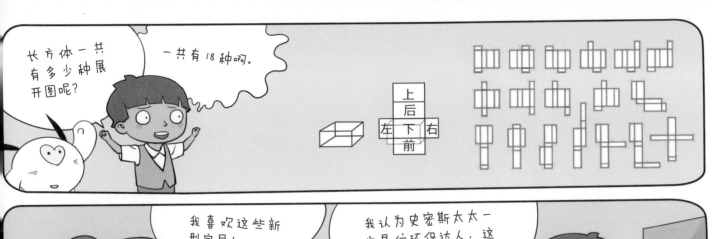

长方体一共有多少种展开图呢?

一共有18种啊。

我喜欢这些新型家具!

我认为史密斯太太一定是位环保达人,这种桌椅既省空间,又省木材,一举两得。

你们知道长方体的横截面是什么吗?

说说看。

把一个长方体横着切一刀,所得到的面就是横截面。在长方体中,横截面平行于长方体的上下底面,它的每条边平行于上下底面的对应边。

几何截面的分类:
(1)平截面:指与几何体底面平行的截面。
(2)直截面:指与几何体的高线或对称轴垂直的截面。
(3)斜截面:指与几何体的高线或对称轴成一定角度的截面。

长方体横截面的面积公式为:
横截面积 = 长 × 宽

你们的动作好快啊,这么一会儿就全拼完了!那我们开饭吧!

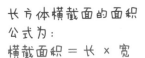

玩具店奇遇——智力游戏界的三大不可思议

好呀，那就讲讲我在英国遇到的一位魔方高手吧！那年冬天，我去参加好朋友儿子的生日晚宴，在一家古老的玩具店买礼物。只见那里的店主穿着皮围裙，正在修着一个洋娃娃，他身旁坐着一个年轻人，着迷地摆弄着手里的魔方。

这些菜都太好吃啦！

史密斯太太，再给我讲讲您曾经的旅行趣闻吧！

魔方有什么好着迷的？

魔方的发明者——厄尔诺·鲁比克，他是匈牙利籍的发明家、雕刻家和建筑学教授。他被世界所知的是在1974年发明了魔方系列玩具。他当时发明魔方，仅仅是作为一种教学工具，帮助学生增强空间思维能力，学习好三维设计课程。

魔方发明后不久就风靡了世界。魔方在转动的过程中，由混乱的颜色归为统一的颜色，这是个有趣而困难的过程。魔方不光是玩具，也是数学家的研究对象呢！

我还知道了一个秘密！智力游戏界有三大不可思议。

被打乱的魔方会呈现多少种变化呢?

那可是一个天文数字!如果某位玩家想要尝试所有组合,哪怕不吃、不喝、不睡,每秒转出十种不同的组合,也要花上上亿年的时间才能如愿哦!

这么神奇吗?!我也想玩一玩.

后来我在那家玩具店里买了两款魔方.一款当作生日礼物,另一款留给了自己.你们猜结果如何.

怎么样?

不可思议的是,二十年后,这位年轻人成了当地一位有名的建筑师.魔方的发明者、传播者、爱好者竟然都是建筑师!

那第二个不可思议是什么?

第二个是独立钻石棋,它起源于18世纪的法国宫廷,类似于跳棋的升级版.在十字棋盘上,棋子只能沿线跳行,不能走步,跳过的棋子会被吃.

第三个不可思议呢?

是什么玩具啊?

是中国的华容道.赤壁之战中,曹操进入华容县逃跑的路线,被衍生为一种游戏,在20个小方格组成的棋盘上,有十块大小不一的棋子,分别代表曹操、关羽等角色.华容道游戏的目标是用最少的步数,让曹操逃出去.目前找到的最快方法是81步.

华容道

我明白了,这就是智力游戏界的三大不可思议!

23

生活中近似正方体的东西可不少哦！如饭盒、礼物盒、积木、软包凳……

正方体的特征很明显——
（1）有8个顶点，每个顶点连接三条棱。
（2）有12条棱，每条棱长度相等。
（3）有6个面，每个面的面积相等，形状相同。

把正方体和长方体比对一下：

形体	相同点			不同点			关系
	面	棱	点	面的形状	面的形状	棱长	
长方体	6个	12条	8个	6个面一般都是长方形（也可能有两个相对的面是正方形）	相对的面的面积相等	每一组互相平行的4条棱的长度相等	正方体是特殊的长方体
正方体				6个面都是相同的正方形	6个面的面积都相等	12条棱的长度都相等	

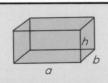

包装小组开工啦——正方体的表面积和体积

欢迎你们。

丽莎小姐可是小镇上有名的制糖高手！

你们来得真巧，这些方糖一时用不完，需要用防潮纸包好存放。我想以8块为一组进行包装，你们可以帮帮我吗？

以8块为一组，只有三种排列的方式，怎么包才最省纸呢？

S_1

S_2

S_3

先搞清两个问题，即正方体的表面积和体积。
a 为正方体的棱长，那么——
正方体的表面积为 $S_正 = a^2 \times 6$
正方体的体积为 $V = a^3$
关于体积可以推导出——
·棱长是1厘米的正六面体，体积是1立体厘米
·棱长是1分米的正六面体，体积是1立体分米
·棱长是1米的正六面体，体积是1立体米

每块方糖的体积都是1立方厘米，8块方糖如果体积一样，表面积会一样吗？

$S_1 = (2 \times 4 \times 2) + (1 \times 4 \times 2) + (1 \times 2 \times 2) = 28$ 厘米^2

$S_2 = (1 \times 8 \times 4) + (1 \times 1 \times 2) = 34$ 厘米^2

$S_3 = 2 \times 2 \times 6 = 24$ 厘米^2

最后一种最省纸！

丽莎小姐，冷饮店的乔治大叔请你把这个糖盒（长方体）装满方糖。

这个盒子可以装下多少块方糖呢？

我来量一下这个盒子：
长7厘米、宽4厘米、高5厘米。
（7×4×5）÷（1×1×1）＝140（块）

吉雅，你真的好厉害啊！

对于我们猫咪俱乐部，你有什么建议吗？

我想可以增加更多互助信息。比如我想为我家猫征婚，汤姆大叔想把猫寄养……猫主人的需求不同，能多多满足就好了！

让每一位猫主人都能安心地把宠物送进猫咪俱乐部，是我们共同的心愿。

太好了！

【231 型】三种图例

需要注意的是：任何时候，平面展开图不能出现"田字型"，否则是无法折叠成正方体的。

【222 型】一种图例

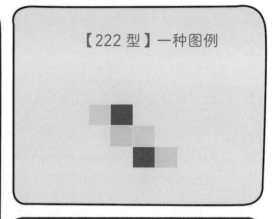

【33 型】一种图例

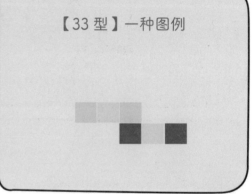

这里还有小电流器，不要忘记了。

追踪器挂在五月半的项圈上，50米内，我都可以通过手表找到它。

我们帮您一起完成吧！

你们去趟汤姆的铁匠铺吧，问问他愿不愿意加入猫咪俱乐部，他可以帮大忙哦！

那我们现在就出发！

汤姆大叔的烦恼——圆柱的定义及分类

吉雅、马文来到铁匠铺。

汤姆大叔的铁匠铺

我女儿可喜欢猫咪了，但铁匠铺里到处是铁皮和工具，没法养猫，所以我想在工作时，能有一处地方寄养猫咪。

这只小猫太孤独了，它需要小伙伴。

我怕这些锋利的铁皮和工具会伤到猫咪，所以只能把它放在箱子里……

这些圆柱体的油桶真像是高高低低的大柱子。

圆柱体是由两个大小相等、相互平行的圆形（底面）以及连接两个底面的一个曲面（侧面）围成的几何体。萌小灵，能具体说说什么叫曲面呢？

　　曲面可以看成一条动线（直线或曲线）在空间连续运动所形成的轨迹。下面用四个定义介绍一下圆柱体：

　　（1）以一个长方体的一边为轴，顺时针或逆时针旋转360°，所经过的空间就是圆柱体。

　　（2）以一个圆为底面，向上或向下平移一定距离，所经过的空间就是圆柱体。

　　（3）以长方体的对称轴为轴，旋转一圈后所经过的空间就是圆柱体。

　　（4）将一个长方形、正方形或平行四边形卷曲，两条对边相接，上下形成封闭圆形所包围的密闭空间就是圆柱体。

　　注意：非长方形的平行四边形卷曲出的圆柱体为斜圆柱体，一般高中教材认为斜圆柱体不是圆柱体。

两个圆形底面圆心分别为点 G 和点 A，在同一个平面内，有一条定线段 GA 和一条动线段 DD'，当这个平面 ADD'G 绕着定线段 GA 旋转一周时，这条动线段 DD' 所成的面叫作旋转面，这条动线段叫作旋转面的母线，这条定线段所在的直线叫作该旋转面的轴。

如果母线和轴相互平行，那么所生成的旋转面叫作圆柱面。如果用两个平行平面去截圆柱面，那么两个截面和圆柱面所围成的几何体称为圆柱体。

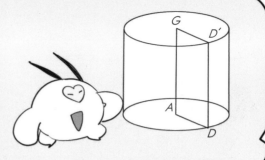

这些物品都可以抽象为圆柱体：树墩、蜡烛、保温杯、易拉罐、油桶、铅笔、蛋糕……

圆柱还可以分为直圆柱体与斜圆柱体吗？

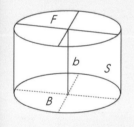
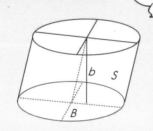

（1）直圆柱体——当圆柱体的轴与圆柱体的底面垂直时，称该圆柱体为直圆柱体，也叫正圆柱体。

（2）斜圆柱体——当圆柱体的轴与圆柱体底面不垂直时，称该圆柱体为斜圆柱体。

注释：要特别注意的是，一般高中教材认为斜圆柱体不是圆柱体。

这是圆柱体的展开图！可以清楚地看到，它的侧面是一个长方形，上下底面是两个圆。

底面

侧面

底面

我可以免费帮你们制作一个大型猫爬架！

太好了，谢谢！

急速订单——圆柱的表面积和体积

几天后……

我已经和史密斯太太商定好啦，这是设计图．

猫咪可以随意在上面跳跃呢．

真是好棒的猫爬架啊！

史密斯太太很着急，可是负责采购铁皮的伙计今天没来，你们能帮我算出需要多少铁皮吗？

还是请萌小灵来帮忙吧！

π 为圆周率，r 为半径，h 为高。那么——

圆柱体体积：底面积 × 高 $=S_底 h$

圆柱的一个底面面积：$S_底 = \pi r^2$

圆柱的侧面积：$S_侧 =$ 底面周长 × 高 $=2\pi rh$

圆柱的表面积指圆柱的底面积与侧面积之和。

圆柱的表面积 = 侧面积 + 两个底面积

$S_表 =S_侧 +2S_底$

萌小灵可真棒！我这有个单子，也帮我算一下吧？

一个圆柱体高 4.5 分米，侧面积是 226.08 平方分米，它的底面积是多少？

这个我来，先求圆柱体半径：

$226.08 \div (2 \times 3.14) \div 4.5 = 8$（分米）

再求圆柱体的底面积：

$3.14 \times 8 \times 8 = 200.96$（分米^2）

圆柱体的底面积就出来了！

你们真太厉害，我还有一个……

如果一个圆柱体的侧面积是 12.56 平方分米，底面半径是 4 分米，它的高应该是多少呢？

圆柱体的底面周长为：3.14×4×2=25.12（分米），用12.56与其相除，得出高为：12.56÷25.12=0.5（分米），所以它的高是0.5分米。

城堡花匠请我们用铁皮制作成一个高6分米、底面直径是4分米的圆柱体水桶。

库房里还有多余的铁皮，都取出来。

这样一个水桶，可以盛多少升水呢？

我口算就能知道答案：
3.14×（4÷2）×（4÷2）×6=75.36（分米³）

75.36分米³=75.36升

所以，这样一个水桶可以装75.36升水！

史密斯太太的图纸上显示着圆柱的体积是150.72立方厘米，底面周长是12.56厘米。

我们还要知道这个圆柱的高是多少啊！

可以将基础公式圆柱体积＝底面积×高，变形公式为：高＝体积÷底面积。
（1）先求底面半径：12.56÷3.14÷2=2（厘米）
（2）再求出底面积：2×2×3.14=12.56（厘米²）
（3）求出圆柱的高：150.72÷12.56=12（厘米）

吉雅，厉害。

这个小姑娘不简单！

忘记一件事，史密斯太太还建议我还为猫咪们做一个圆柱体水桶。请大家帮忙计算一下：
一个圆柱形水桶，体积是62.8立方分米，它的底面半径是2分米，如果往里面倒入一半的水，水面高多少分米呢？

答案有了！
62.8÷（3.14×2×2）÷2=2.5（分米）
水面高2.5分米！

小零件加工——棱柱

这是在做什么呢?

这些都是一些小零件,各有各的用处哦!

我只认识其中的圆柱体。

我看看啊,从左往右依次是圆柱体、三棱柱、四棱柱、五棱柱和六棱柱……

有意思,这是六棱柱吗?

我来满足一下大家的好奇心:两底面互相平行,侧面都是四边形,并且每相邻两个四边形的公共边都互相平行,由这些面所围成的几何体就叫作棱柱。

原来是这样啊。

棱柱每个部位都有名字:
(1)两个互相平行的面叫作棱柱的底面,其余各面叫作棱柱的侧面。
(2)两个侧面的公共边叫作棱柱的侧棱。
(3)侧面与底面的公共顶点叫作棱柱的顶点。
(4)不在同一个面上的两个顶点的连线叫作棱柱的对角线。
(5)两个底面间的距离叫作棱柱的高。

你们看,我找到了一个三棱柱。

我也要找一个!

在几何学中，三棱柱是一种柱体，底面为三角形。

三棱柱是一种五面体，且有一组平行面，即两个面互相平行，而其他三个表面的法线在同一平面上（不一定是平行的面）。这三个面可以是平行四边形。所有平行于底面的横截面都是相同的三角形。一般三棱柱有5个面，9条边，6个顶点。

底面是三角形的棱柱被称为三棱柱；底面是四边形的棱柱被称为四棱柱；以此类推，底面是 X 边形的棱柱就被称为 X 棱柱。

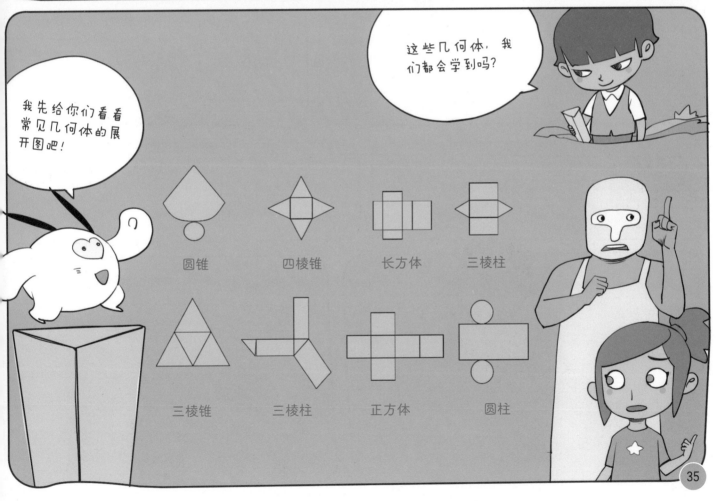

这些几何体，我们都会学到吗？

我先给你们看看常见几何体的展开图吧！

圆锥　　四棱锥　　长方体　　三棱柱

三棱锥　　三棱柱　　正方体　　圆柱

易拉罐的秘密——圆柱的容积

谢谢汤姆大叔，你们发现了吗？易拉罐全都是圆柱体的！

是啊，为什么装液体的容器大多是圆柱体呢？

为了放置稳当，生产一个容器一般都用直柱体，商家都希望所用材料总量相同的情况下，容积尽可能大，而圆柱体在所有直柱体中，最符合这一标准。

球形太容易滚动了，肯定不是做饮料罐的最佳选择。在装配时一定会遇到很多麻烦！

为什么没有稳定性好，且排列时又节约空间的棱柱形状的饮料罐呢？

柱体高度相同的时候，底面积更大的圆柱体的体积是更大，因此盛放的饮料会更多。

圆柱体的罐身手握起来会更牢固，内装碳酸饮料时，也不易因热胀冷缩而导致罐身变形。

没想到，小小的易拉罐有这么多学问！

你们需要的猫咪跳桶加工好啦！

真棒，好结实！

我真想做个圆柱体的笔筒，专门收纳蜡笔。

可以啊！不过你得先找一些适合的原材料。

就这块吧！我量量看，这块铁皮长25厘米，宽10厘米。

那我是横着卷还是竖着卷呢？哪种卷法做出来的笔筒容积更大一些呢？

算出它们的容积各是多少。（得数保留小数点后两位。）
第一种剪裁法：拿25作底，10作高
$25 = 2\pi r$，$r \approx 3.98$（厘米）
$V_1 = \pi r^2 h \approx 3.14 \times 3.98^2 \times 10 \approx 497.39$（立方厘米）
第二种剪裁法：拿10作底，25作高
$10 = 2\pi r$，$r \approx 1.59$（厘米）
$V_2 = \pi r^2 h \approx 3.14 \times 1.59^2 \times 25 \approx 198.46$（立方厘米）
可见圆柱体的体积（也就是容积）正比于：底边的平方×高。所以，用较长的边作为圆柱体的底边时，
能得到更大的体积，也就是更大的容积。
咱们试试看吧！

是只有长方形才能围成圆柱的侧面吗？其他的图形可不可以呢？

你的笔筒还应该加个底啊。

正方形也可以，平行四边形也可以，一个平面图形只要上、下对边平行且相等，竖直方向切开后，能用割补法拼接成一个长方形，就可以围拢成圆柱体的侧面。

我的笔筒完工啦！

别客气，希望我们的猫咪俱乐部能尽快开业！

37

谁来照顾猫妈妈——圆锥的定义及各部位名称

丽莎小姐说的应该就是这里啦！

就是这儿，门牌号对！

你们好，想试戴哪顶斗笠？

您的手艺真好。听史密斯太太和丽莎小姐说，您也想加入猫咪俱乐部？

跟我来，看看我的猫吧！

果果就要当妈妈了！可我实在没有照顾猫妈妈的经验。

看来开设猫咪俱乐部，还真是很有必要呢！

嘿，淘气的果果躲到斗笠下面去了。

这些斗笠的做工可真细致啊！

这可是我家祖传的手艺，既能遮阳挡雨，又是精美的纪念品。

它们的形状近似圆锥体。萌小灵介绍一些圆锥体的知识吧？

好啊。以直角三角形的直角边所在直线为旋转轴，其余两边旋转360°形成的曲面而围成的几何体就是圆锥体。

生活中的圆锥体还真不少呢！蛋卷冰淇淋、斗笠、锥桶、漏斗、沙堆、喇叭……

圆锥有一个底面、一个侧面、一个顶点、一条高、无数条母线，且底面为圆形，侧面展开图是扇形。

你们看，果果跑到沙堆那儿啦！

果果喜欢围着它转圈，有时趴在旁边睡觉。

我很好奇，这堆沙子有多重？

我问在附近施工的建筑工人了，他们说这堆黄沙，底面周长是25.12米，高是1.5米。每立方米的黄沙质量是0.8吨。

总共是多少吨呢？

圆锥体的表面积，是由侧面积和底面积两部分组成的。

公式为：$S = S_{侧} + S_{底}$

也就是 $S = \pi r l + \pi r^2$

r：底面半径
l：圆锥母线

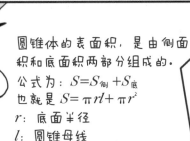

侧面

底面

那圆锥的体积公式又是什么呢？

锥体的体积 = 底面积 × 高 × 1/3

言归正传，这堆黄沙的质量是——

这回彻底明白啦！

别着急，我们来算算——

底面半径：

25.12 ÷ 3.14 ÷ 2 = 4 米

圆锥体的体积：

3.14 × 4 × 4 × 1.5 × 1/3 = 25.12 立方米

黄沙的质量：

25.12 × 0.8 = 20.096（吨）

猫咪的玩具——球体的体积

想不到向来笨手笨脚的马文还会做玩具球呢！

看它们这么可爱，我就情不自禁地想为它们做点什么。

猫咪追球的行为其实是一种狩猎行为。它们很开心，也能消耗多余的精力。

哈哈，马文是个有爱心的男孩，我来给你们讲讲球体吧！

快讲讲，让我转移一下注意力。

一个半圆绕直径所在直线旋转一周所成的空间几何体叫作球体，简称球。

【球心】半圆的圆心叫作球心。

【球面】球体是有且只有一个连续曲面的立体图形，这个连续曲面叫球面。

【半径】连接球心和球面上任意一点的线段叫作球的半径。

【球体直径】球体在任意一个平面上的正投影都是等大的圆，且投影圆直径等于球体直径。

球心 球面
半径 直径

球体的体积计算公式：
（4/3）× 圆周率（π）× 球体半径的三次方（r^3）

我家书柜中摆放的地球仪、妈妈项链上的珍珠……这些都是球体。

我知道的许多运动项目，都会用到球体，如网球、足球、篮球……

你们看，这就是球体的截面形状。用红、蓝、灰、绿四个不同颜色去截球，可以得到红、蓝、灰、绿四个截面。

球面被经过球心的平面截得的圆叫大圆，如灰色圆面、绿色圆面。
球面被不经过球心的平面截得的圆叫小圆，如蓝色圆面、红色圆面。

你们知道是谁最先解决了球体表面积的计算问题吗？

谁？

是我们国家著名的数学家祖冲之和他的儿子祖暅。

祖冲之是南北朝时期杰出的数学家、天文学家。他在刘徽开创的探索圆周率的精确方法的基础上，首次将"圆周率"精算到小数点后第七位，即在 3.1415926 和 3.1415927 之间，他提出的"祖率"对数学的研究有着重大贡献。

祖暅是祖冲之的儿子，也是中国南北朝时期著名的数学家、天文学家。

他同父亲祖冲之一起圆满解决了球面积的计算问题，还得到了正确的球体积公式，提出了著名的"祖暅原理"。即等高的两个立体，若其任意高处的水平截面积相等，则这两个立体体积相等。祖暅应用这个原理，解决了刘徽尚未解决的球体积公式。

祖冲之父子真是值得我们敬仰的人啊！

古人的智慧真了不起。

猫咪们在场地中间自由快乐地玩耍着。

大家快来啊，一起拍张全家福。

图书在版编目（CIP）数据

绕不开的数学常识. 立体图形 / 韩明编著 ; 张龙腾绘. —— 北京：电子工业出版社，2024.1
（超级涨知识）

ISBN 978-7-121-47089-9

Ⅰ. ①绕… Ⅱ. ①韩… ②张… Ⅲ. ①数学 – 少儿读物 Ⅳ. ①O1-49

中国国家版本馆CIP数据核字（2024）第022940号

责任编辑：季　萌
印　　刷：当纳利（广东）印务有限公司
装　　订：当纳利（广东）印务有限公司
出版发行：电子工业出版社
　　　　　北京市海淀区万寿路173信箱　邮编：100036
开　　本：889×1194　1/20　印张：13.3　字数：345.8千字
版　　次：2024年1月第1版
印　　次：2024年1月第1次印刷
定　　价：138.00元（全6册）

凡所购买电子工业出版社图书有缺损问题，请向购买书店调换。若书店售缺，请与本社发行
部联系，联系及邮购电话：（010）88254888，88258888。

质量投诉请发邮件至zlts@phei.com.cn，盗版侵权举报请发邮件至dbqq@phei.com.cn。

本书咨询联系方式：（010）88254161转1860，jimeng@phei.com.cn。

SUPER KNOWLEDGE

超级涨知识

北京市数学特级教师
司梁 主审

韩明 编著
张龙腾 绘

小猛犸童书

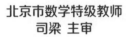

绕不开的
数学常识

6

统计与概率

电子工业出版社.

Publishing House of Electronics Industry

北京·BEIJING

目录

0 1 2 3 4 5 6 7 8 9

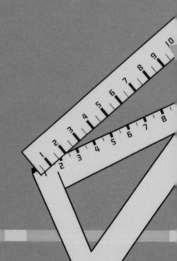

同年、同月、同日生——概率

我是通过很严密的公式计算出来的概率，这种概率将近90%，可不是随随便便说的哦！

吉雅，听好了，随机事件是指在相同条件下，可能出现也可能不出现的事件。

你还用到了"至少"这个词。言外之意是还会有另外一对同年同月同日生的人吗？

不是没有这个可能性啊！

如果班里人数更多，那概率是不是就更大？

数学知识有意思，就是今天的生日没意思！

过生日应该高兴啊，有什么事让你扫兴吗？

大庆临时有事，我们约好一起去魔幻城堡过生日的计划只能取消了。

我猜一定是他家里有什么着急的事。

爸爸妈妈也不能按时回家，你们说这生日有什么意思。

太好了，我们一起去！

别唉声叹气的了，我们陪你去魔幻城堡不是一样吗？

小寿星，今天我们奉陪到底。

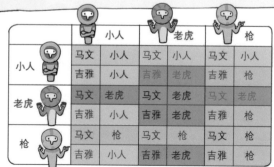

一百个铜板的故事——小概率事件

北宋名将狄青，他可是小概率事件中的主角哦！我来讲讲他的故事。

狄青出身寒门，年少入伍，善于骑射。宋仁宗时，狄青凭借赫赫战功深受皇帝信赖。

传说在皇祐四年，异族起兵反宋，朝廷派狄青率军征讨。狄青打探到当地人信奉神明，于是在脑中盘算了一个计划。

一天，部队经过寺庙，有人说："这座庙里的神明很灵。大将军下马拜一拜吧。"狄青一听，机会来了，就吩咐部队停止前进，焚香祷告，让亲兵拿来一口袋铜钱，共一百枚。在神明面前许愿："我把这一百枚钱抛撒在地上，如果全部正面朝上，就说明这次出征定能大获全胜。"

铜钱，一般是正面铸字，反面铸图案。一百枚铜钱抛撒下去，要全部正面朝上，这几乎是不可能的。可是狄青却偏要占卜，这不是太冒险了吗？万一做不到，岂不动摇军心？大家纷纷上前劝阻，狄青却一概不听。

在众目睽睽之下，狄青屏气凝神，悠然地把手中的铜钱全都抛了出去。嘿！真神了，一百枚铜钱全是铸字的一面朝上。刹那间，庙里、庙外士兵齐声欢呼，军威大振。狄青当即吩咐手下，取来一百枚铁钉，按照铜钱落地的位置，照原状将铜钱钉在地上。又在上面盖了一只大青纱笼，保护起来，告诫庙僧，不许任何人碰。然后又祷告："待大军凯旋之日，再来谢神取钱。"说罢，狄青翻身上马，挥师出发。此去果然所向披靡，捷报频传。

大军回师路过这座庙。这时，狄青召集身边的将领，让他们一起观赏那些神奇的铜钱。这一下，大家才恍然大悟！原来这一百枚是特制的铜钱，正反两面都是字。大家对狄青的智谋佩服得五体投地。

狄青是用智慧激发士气，战胜了敌人。

萌小灵，刚刚你提到的"小概率事件"是指什么呢？

小概率事件是一个事件的发生概率很小，那么它在一次试验中是几乎不可能发生的，但在许多次重复试验中，必然发生。在概率论中，我们把概率很接近于0（即在大量重复试验中出现的频率非常低）的事件称为小概率事件。

比如买一张彩票就中了大奖，这就属于小概率事件，基本不会发生。

刚刚你提到的统计又是什么？

"统计"一词最早出现于中世纪拉丁语中，我国最早的一本统计学书籍是由彭祖植在1907年编译的。

将与某一现象有关的若干数据收集起来，加以整理、观察、计算、比较、分析，从而发现这一现象的特征和规律，这个过程就叫作统计。

神秘体验——单式统计表

赶快坐上去，感受一下新型电动座椅。

好像乘坐时光穿梭机一样！

欢迎进入神秘体验馆，眼前这些座椅都是科学院研究出的高科技座椅，是能够通往童话世界的梦幻座椅。

大家请先在座椅前方的屏幕上输入你要前往的目的地。然后系好安全带，佩戴好具有催眠作用的眼罩。一切准备就绪，祝大家开心。

有点儿意思！

哇，好棒！我喜欢这种高科技的体验。

我看看啊，这是一张单式统计表。

什么是单式统计表？

快看，这有一张表格！

时间	体验人数	好评率
一月	100人	98%
二月	120人	100%
三月	150人	100%
四月	135人	99%
五月	140人	98%
六月	160人	100%

数据经过整理后进一步表格化，便形成了统计表。根据生产、生活的实际需要，我们常常要把相关数据，按照一定的要求进行整理、归类，并且按一定的顺序把数据排列起来，制成表格，这种表格就是统计表。

单式统计表是统计表中最简单的一种。

怎样才能制成一份统计表呢？

怎么又开始学习了……

统计表由表头（总标题）、行标题、列标题和数字资料四个主要部分组成。

从这份统计表上可以看出，这几个月内，体验过梦幻座椅的人可真不少。

对啊，你再看看后面的好评率，可见每一次的童话之旅都非常令人满意呢！

好期待这次旅行啊！

我们去哪里呢？

刚才你是不是小声说我有公主病来着？

吉雅！马文已经道过歉了啊！不要再提不开心的事情了。

我知道。我是想到了《豌豆公主》这个故事！

就是被20床垫子下面的豌豆硌了一晚上而没睡好觉的公主吗？

既然大家都对这个故事感兴趣，那我们就一致通过了！出发！

我想知道那位王子最后娶她为妻了吗？

豌豆公主

听你们这么说，想必我的事你们知道得不少吧。

唉，我经常听到仆人们私下里叫我"豌豆公主"。心里真不好受。

宫中御用裁缝经常为我用最名贵的布料剪裁、制作衣饰。在前几天的舞会中，邻国公主穿了件非常美丽的舞裙，我太羡慕了。可父王驳回了我做新舞裙的请求，居然还塞给了我一张由他统计出来的我的舞裙数量的纸条。

这就是你离家出走的原因吗？

你真是霸道又任性啊！

刚刚你说父王给你的纸条，让我们也看看吧？

亲爱的女儿：
打开你的衣柜，我着实吓了一跳！礼服裙、绸纱裙、舞会裙、太阳裙，还有刚刚送进宫的公主裙、塔裙，可以说是应有尽有了！我简单列出了它们的数量。希望你学会克制，服饰只能装点外表，而并不能带来真正的美！

爱你的父亲

一根根彩色竖条是什么意思呢？

我可是公主啊！公主就应该拥有华美外表，难道不是吗？！

安迪一把抢过纸团，想要扔到窗外，大家慌忙拉住了她。

13

公主的衣柜——条形统计图

中国有句老话送给你正合适——人心不足蛇吞象。

虽然听不懂，但我知道一定不是什么好话。

给你们具体讲一讲，这是一张统计图。

统计图包括条形统计图、折线统计图和扇形统计图。国王为安迪设计的这张属于条形统计图中的纵向图。

条形统计图的优势：
（1）可通过直条长短清楚地看出数量多少。
（2）非常直观。
（3）绘制简单。
条形统计图可以分为横向及纵向两种。

明白了。

条形统计图简称条形图，用一个单位长度表示一定的数量，根据数量的多少画成长短不同的直条，然后把这些直条按一定的顺序排列起来。它的特点是：一格表示一个单位。

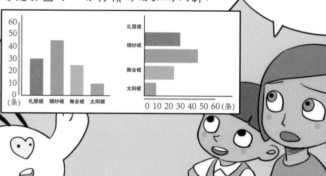

我有一个好主意，我们不妨将条形统计图列成统计表，点醒这位豌豆公主。

统计表又是什么呢？

统计表是反映统计资料的表格。统计表的优势是：可以直接将各种款式舞裙的数量弄清楚，并且在表格中一一列出来。

舞裙	礼服裙	绸纱裙	舞会裙	太阳裙
件数	30	45	25	10

民众的呼声——复式统计表

这可怎么办啊?

豌豆公主任性又娇气,王子要擦亮眼睛啊!娶她当王后,百姓要受苦了!

我已经派侍卫去维持治安了!

百姓们居然都反对我的准新娘……

禀报国王陛下,这是游行百姓递上来的请愿书,请您过目。

请愿书

尊敬的国王陛下:

　　我们知晓豌豆公主的来历后,连夜通过投票的方式验证了民众的想法。这是民心所向,是大家共同的决心,请您作出正确的判断和选择。

爱您的百姓们

农民们的选票

	同意	反对	弃权
票数	0	100	2

工人们的选票

	同意	反对	弃权
票数	2	160	1

商贩们的选票

	同意	反对	弃权
票数	4	90	0

大臣们的选票

	同意	反对	弃权
票数	1	20	3

这一张张的表格,看得我头晕眼花。

国王,您不用烦恼,这事就交给我们吧!

你有什么办法吗？

我根据这几张图中的数据，绘制出一张全新的复合统计表，您就可以一目了然了。

什么？四变一！那自然好。

谢谢夸奖，您看到的这张表叫复式统计表，它可以把两个或多个统计内容的数据合并在一张表上，这样可以更加清晰明了地反映数据情况了。

	同意	反对	弃权
农民	0	100	2
工人	2	160	1
商贩	4	90	0
大臣	1	20	3
合计	7	370	6

你们从这张表格中，看出了什么问题吗？

反对票多，百姓们不赞成我们的婚事。

我不就是多了几条裙子吗？谁说我没有智慧？谁说我不爱自己的国家和臣民。呜呜呜……

折线统计图是以折线的上升或下降来表示统计数量的增减变化的。

人们常用折线图来描述统计事项总体指标的动态、研究对象间的依存关系以及总体中各个部分的支配情况等。

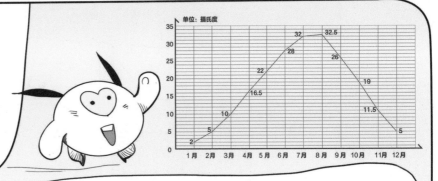

这些上升或下降的线条说明了什么呢?

折线统计图的特点是易于显示数据变化趋势以及变化幅度,可以直观地反映这种变化以及各组之间的差别。

我明白了。大家看这里,1年的12个月中,每个月的平均气温都不一样。最高气温出现在8月,是32.5℃;最低气温出现在1月,是2℃;1到8月间,气温逐渐升高;8月至12月,气温明显下降。

原来是这样啊,我还想知道如何绘制折线统计图呢!

我现在就来给大家讲解:
(1)先确定统计对象,即图表标题。
(2)整理数据,绘出表格。
(3)按照数据的大小描出各对应点,并用线段连接。

绘制折线统计图比我想象中的要简单嘛!

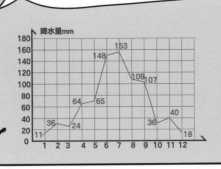

从图中你知道了什么?

分头行动——折线统计图的应用

实在不好意思，我低头走路没看见。

没关系，也怪我自己走得太匆忙了。

发生了什么事？

昨晚王后一直头疼，早晨量体温，发现发烧了，我赶紧去请御医，御医恰巧外出采购药品。家里人说要一周左右的时间才能回来！我急急忙忙往回赶，不知王后现在怎么样了？

王后病了啊？

原来是这样啊！

不如我们一起回去照顾生病的王后吧！

安迪、吉雅与侍女向王宫走去。马文、萌小灵继续往前走。

跳绳是最简单的健身方式，可以锻炼四肢的协调性和腿部肌肉，另外，还能提升弹跳能力。

别说了，就是有一百种好，我也不想再跳啦！

23

丽萨元小镇的改变——扇形统计图

我很满意安迪最近的表现，你的智慧不只帮助了我，更是帮到了我们国家。告诉你们一个好消息，我们的羊毛衫大卖特卖，还收到了国外的订单。

至于你们的婚事……

你们的婚事我不再反对。但是，民众对安迪还存在偏见，你可以带上你的朋友们作为我的使者，在我们国家里四处走走，了解风土人情，最重要的是，要到民众中去，帮他们发现问题、解决问题，树立自己的正面形象。

安迪，我要留下来帮父王打理事务。这次远行，你们要注意安全！我等着你们回来。

好的！我们即刻出发。

孩子们，期待你们早日平安归来。

扇形统计图方便又实用，我要好好学习它的绘制方法。

绘制扇形统计图，大致可以分为3步：
（1）先求出各部分量占总量的百分比。
（2）用360°乘以相应百分比，得出各部分所对应扇形圆心角的度数。
（2）根据圆心角度数画出对应的扇形。

明白了，我来试试看！

能用扇形统计图统计一下我家一个月的支出情况吗？

我家上个月的总支出是500元，其中，
伙食费：175元
文化教育费：125元
购买衣物：100元
水电费：50元
其他：50元

当然可以，我来！

伙食费：175÷500=35%
文化教育费：125÷500=25%
购买衣物：100÷500=20%
水电费：50÷500=10%
其他：50÷500=10%
画出来应该是这样的——

水电费 10%
其他 10%
伙食费 35%
购买衣物 20%
25% 文化教育费

太棒了，能不能再用这种形式，帮忙计算一下合唱队的年龄结构。我今年12岁，我想知道和我同龄的队员占整个合唱队的比例是多少。

这个简单，我来！

合唱队共 80 人，其中 11 岁 32 人，12 岁 24 人，13 岁 16 人，14 岁 8 人。
11 岁：32 ÷ 80 = 40%
12 岁：24 ÷ 80 = 30%
13 岁：16 ÷ 80 = 20%
14 岁：8 ÷ 80 = 10%

看到了吧，12 岁的队员占整个合唱队的 30%。

真是太感谢你们了。

要感谢你们才是，是你们的努力付出让荒山变了样。回到王宫后，我一定会把所见所闻都告诉国王的。

现在的你和前些天为一条裙子哭哭啼啼的娇蛮公主比起来，简直判若两人。

啊？你就是豌豆公主？！不好意思，我好像错怪你了……

不能再用老眼光看安迪公主啦！

走，带你们去我的果园看看吧！

还有果园呢？！

好啊！

果园的产量——统计量一：平均数

满树的苹果，看着就诱人。

好大的一片果园啊！

我猜给你带来好日子的也包括这些红彤彤的苹果吧？

当然，以前我们只是把苹果用小马车拉到集市上去卖，卖不了几个钱，而且途中还难免掉落或磕碰。真是愁啊！

想想就令人发愁。

我买下这个果园后，第一个月的收入只有300元，接下来的几个月也差不多！看，这是我当时记录下来的。

我每天起早贪黑，剪枝、除虫、施肥、授粉……所有的时间和精力都用在了这个果园里。

时间	第一月	第二月	第三月	第四月	第五月	第六月	第七月
收入	300元	240元	280元	310元	290元	320元	290元

这些数字是辛苦了一个月的收入吗？的确太少了。

你这七个月的平均收入是——全部收入除以7，2030÷7=290元

萌小灵，快把平均数的知识给我们讲一讲吧？我越听越糊涂了……

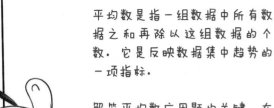

平均数是指一组数据中所有数据之和再除以这组数据的个数。它是反映数据集中趋势的一项指标。

解答平均数应用题的关键，在于确定"总数量"及和共对应的总份数。

我可不可以这样解释：若干个数量的和除以这些数量的个数，所得到的商就是平均数。

那平均数的求法，就是将各数相加后除以数的个数？

非常正确！

我来算算——

（300+240+280+310+290+320+290）÷7
=2030÷7
=290（元）

尝尝用苹果做的美味甜品吧！

苹果酱　　苹果干

苹果果冻　苹果馅饼

苹果馅饼？听起来好好吃的样子啊！

这么多好吃的啊！脆脆的苹果干、甜甜的苹果酱，还有滑溜溜的苹果果冻。

大概三个月前，来了一位新镇长。他懂得很多机械原理，帮我们在果园实现了机械化管理，大大提高了效率。把苹果做成美食的点子也是他提出来的。看，这是近三个月来的月平均收入。

居然每个月都多了210元！不比不知道，一比吓一跳。

我来算算你的月平均收入——

（520+480+500）÷3
=1500÷3
=500（元）

500-290=210（元）

可不是，我现在天天都很开心，感觉生活越来越有奔头啦！

过分执着的数学家——平均数的局限性

大家洗洗手，今天我请大家吃苹果大餐。

我想平均数应用了数学中"移多补少"的方法。

这个统计学中的平均数，对我们日常生活的帮助真大。

大家只要稍稍留心，就会发现，平均数在日常生活中的应用非常广泛。

哎呀，不愧是公主啊，必须点赞！

在数学界，平均数的类型有很多。如算术平均数、几何平均数、调和平均数、加权平均数、平方平均数、指数平均数、中位数等。

对了，马文、吉雅，你们来自遥远的中国，你们的国家在生产、生活中遇到这种实际问题，也会使用平均数这个思路吗？

早在3000年前，中国的《周易》中就已经出现了平均数的思想。《周易》"谦"卦说："谦，君子以衰多益寡，称物平施。""衰"指减少，"益"指增益。"衰多益寡"的思想就是平均数概念的基础。

还有一个关于平均数的传说……

古时候，有一位小有名气的数学家，由于对自己的理论过分执着，险些酿成一场悲剧。

在旅途中，数学家一家被一条河挡住了去路。数学家的夫人建议绕道走，虽然远一些，但不用涉险。可数学家却说："等等，我先量一下水深度，再测量出孩子们的身高，如果孩子们的平均身高超过水的平均深度，那我们实在没有绕道的必要。"于是，数学依次量出了河水的深度和孩子们的平均身高。

两套数值一比对，他露出了笑容，并宣布："河水的平均深度是110厘米，孩子们的平均身高是140厘米，我们完全可以安全过河。"可谁知道小儿子的身高根本没有达到河水的平均深度，险些丢了性命！

原来问题的根源出在"平均"二字上。平均深度并不是河水最深的地方仅有110厘米。同理，140厘米也只是几个孩子的平均身高，身高没有超过140厘米的小儿子走在河水最深的地方，当然会有危险！

感谢您的热情款待，吉姆村长。

这真是一个令人深思的故事。

欢迎常来！

我是再生资源回收站的员工，每天在这里收垃圾，人老了也不能给社会增加负担，一来可以让环境更好，二来每天还能捡个四五块钱呢！

这里商铺林立，热闹非凡！

看那位忙碌着的老奶奶，好辛苦啊！

等等我！

你们可以叫我艾佳奶奶。看，雕塑边的几位老人都是我的伙伴。

艾佳奶奶真不容易，让我来算一下啊，如果1天按4元钱算，1个月有30天，30×4=120（元），一个月只有120元的收入。

作为国王的使者，有必要向他汇报小镇居民的真实收入状况。我们分头收集一些小镇居民的收入，算出平均收入！两小时后在此汇合。

没问题。

好的！

两小时后大家采集到的信息：

职业	月收入
果园农民	500元
邮递员	310元
建筑师	520元
工匠	290元
教师	300元
面包师傅	300元
花农	280元
回收站员工	120元

问题来了，既然是要汇报丽萨元小镇居民的平均收入，那应该也包括像艾佳奶奶这样的老年人的月收入信息。

我感觉不对，如果其他居民的收入都在三四百元，而艾佳奶奶这样的老年人每个月的收入只有一百多元，咱们求出的平均数相差太多了吧！

平均数会受"极端数据"的影响。

艾佳奶奶月收入 120 元可以当成"极端数据"。

那还有其他办法吗？

中位数和众数可能是平均水平更合理的统计量。
中位数又称中值，是按顺序排列的一组数据中居于中间位置的数。对于有限的数集来说，可以把所有观察值高低排序，然后找出正中间的一个作为中位数。如果观察值有偶数个，就取最中间的两个数值的平均数作为中位数。

第一步：先把收集来的这八个数字从小到大排列。
注意：当一组数据有偶数个时，中位数是该组数据中间两个数的平均数。
500、310、520、290、300、300、280、120
排列后为：
120、280、290、300、300、310、500、520

第二步：找到排列在最中间位置的那个数（或中间两个数的平均数）。
300 和 300，两数相加再除以 2，所得的平均数还是 300。

我又收集到小镇图书馆管理员的月收入了，是 450 元。

我再把中位数求一遍。

不用啦，记住求中位数时必须分奇、偶。现在重新排列一下，加入这个新数据就行啦。
120、280、290、300、300、310、450、500、520
注意：当一组数据有奇数个时，中位数是该组数据最中间的那个。

这次的中位数还是 300。

感觉求解中位数非常简单呢！

萌小灵还提到了众数，我想起来了。以前在书上看到过这个概念：在一组数据中出现次数最多的数据，称为这组数据里的众数。

马文解释得非常准确！

我知道了，在这组数字中，显然数字300是众数。120、280、290、300、300、300、310、450、500、520。

中位数和众数这两个统计量的特点都是避免极端数据。

嘿，数字300和我们真有缘分，不仅是中位数，还是众数！

好纠结啊！如果遇到类似的情况，我们要如何选择呢？

综合来看，由于各个统计量有各自的特征，所以需要我们根据实际情况选择合适的统计量。

平均数、众数、中位数的联系和区别：

联系——都是反映一组数据集中趋势的统计量。

区别——

（1）平均数是一组数据的和除以该组数据的个数所得的商。求中位数时必须分奇偶：当一组排序数据有奇数个时，中位数是该组数据最中间的那个；当一组排序数据有偶数个时，中位数是该组数据中间两个数的平均数。

（2）平均数的大小与一组数据里的各个数据都有关系，任何一个数据的变动都会引起平均数大小的变化。中位数则仅与一组数据的部分数据有关。

（3）平均数主要反映一组数据的总体水平，中位数能更好地反映一组数据的一般水平。

（4）众数只与一组数的部分数据有关，但它在一定条件下能反映一组数据的一般水平，近似于中位数。

来，孩子们，拿着，这些鸟都是我们的好朋友。

您经常喂它们吗？

是啊，喂着喂着就产生感情了。我还给它们起了名字。黑风、雪花、还有小乖乖……

艾佳奶奶，您的收入本就不多，还来定期喂鸽子，真有爱心啊！

不要担心。老年人就是要发挥余热。我们存在银行里的积蓄、退休金都有利息，足够大家好好生活的。我们把这些额外的钱收集起来，只为筹建一个木偶剧团。

艾佳奶奶太棒了，没想到您还有这么一个宏伟的志向呢！

好令人感动啊。

向您和其他几位爷爷奶奶致敬！

谢谢，到时你们都可以到剧团来当小演员！

积蓄、退休金存在银行里收利息是什么意思？

这方面的知识我也是"零"啊，谁来给我们讲一讲啊！

我可以从两个方面来解释什么是利息：
利息是因存款、放款而得到的本金以外的钱。具体来说就是，借款人因使用借入货币或资本而支付给贷款人的报酬。又称子金，母金（本金）的对称。
利息的计算公式为：
利息 = 本金 × 利率 × 存款期限（也就是时间）

这里又提到了一个新词汇——利率。

利率表示一定时期内利息量与本金的比率，通常用百分比来表示，按年计算的则称为年利率。

利率不仅关系到银行、企业、政府的收益和成本，也关系到我们每个人的生活和投资。

利率会发生变化吗？

利率并不是一个固定不变的数字，它会随着时间、地点、期限、风险等因素而变化。我们常说的利率其实是一个泛指概念，具体可以分为很多种类，比如存款利率、贷款利率、债券市场利率、市场利率等。

如果我们想要存钱，利率水平就直接决定了我们的收益。当利率上升时，我们存入银行的钱的收益就会增加，这样一来，我们的财富积累和保值增值能力就会提高。反之，当利率下降时，我们存入银行的钱的收益就会减少，这样一来，我们的财富积累和保值增值能力就会降低。

存款周期	年利率
活期存款	0.35%
三个月定期存款	1.10%
六个月定期存款	1.30%
一年定期存款	1.50%
两年定期存款	2.10%

如果存 80000 元钱在银行，两年后可以增加 1680 元。

$80000 \times 2.10\% = 1680$（元）

$80000 + 1680 \times 2 = 83360$（元）

大家快看，存款周期越长，年利率越高。

有了这些钱，您的日常生活就可以有保障了。

是啊！感谢现在的好日子！

怎么感觉广场上的人一下子变多了。

现在是旅游旺季，又赶上马上启动的特卖展，人当然多啦！

那志愿者的工作量要增加啦！

其实，我们每个人都有负责的专属区域，今天是特卖展，会产生很多垃圾。所以我们会根据情况增加一些志愿者。

我看这广场有一万人。

我看不止，得有两万人！

这个广场最多能容下多少人呢？

根据以往的新闻报道，逢年过节时，广场人数在两万五千左右。

我今年67岁，如果1年按365天计算，你们能算出我从出生到现在活了多少天吗？一天有24小时，再请你们计算一下，67年有多少小时？1小时有60分钟，请问如果换算成分钟的话，又该是多少呢？

这个我会！
365 × 67 × 24 × 60＝35215200（分）

您的年龄和广场的人数有什么关系吗？

嘿嘿，不卖关子啦！我来解释一下用近似算法就可以求出广场上的人数了。刚刚我让你们计算我的年龄，这是精准算法。那如果想求得这一袋豆子的数量或是广场上的人数，我们就要用到近似计算。

计算数值时，有时需要得到与实际情况完全符合的准确数，有时只需要或只能得到与准确数相差不多的近似数。如购物时该付多少钱，需要精确计算，而要准备多少钱，需要估算个近似数。

【精确计算】要得到准确数，首先要求计算的原始数据准确无误。其次，所用的计算公式要能正确地表达有关的几个数量间的关系，并且计算过程准确无误。

【近似计算】在工程技术、统计人数等相关计算中，所用的原始数据大多不是准确数。数据误差不超出规定范围就可以了。为了使计算结果的误差不超出允许范围，计算过程必须遵守相应规则。

说来说去，到底怎样才能求出广场上的人数呢？

近似法只需计算最高位。为什么要省略后面的数位呢？那是因为我们采用近似算法的目的就是希望通过计算得到一个大概的结果。

地砖上散落的豆子，数清它会很麻烦。但如果只数第一个格里豆子的数量就容易多了。

第一个格中一共有25粒豆子。其余的20块地砖上，豆子的数量应该差不多。

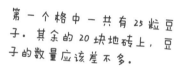

那简单了，可以用25×20来计算。您袋中豆子的数量大约是500粒。

明白了，统计广场上的人数，我们只要先数清一块大地砖中的人数，再乘以总共的地砖数，就可以算出大概的人数了。

原来是这样啊！我一下感觉豁然开朗了！

艾佳奶奶也是数学高手嘛！

游览线路图——不走冤枉路

想参观广场周边的景区吗？先带你们看看广场周边的地图吧！

这样，你就记住这里是A点好了。

农家采摘乐园，一天发两趟观光车，第一趟是上午10点，第二趟也就是最后一趟，是14点。

"模型互动展"离A点较近，可以先去，这里有自助餐厅和观光车站！我们吃完饭，坐观光车，想去哪就去哪。

我对"现代摄影展"感兴趣，如果可以，我想去那里看一看！

有点儿乱，我们现在在哪儿？

现代摄影展·C

模型互动展厅·自助餐厅·观光车·E

农家采摘乐园·B

金台夕照·D

我也对摄影非常感兴趣，咱们一定要去！

现代摄影展

10:00 ~ 10:30

好啊！因为面积不大，所以展厅的开放时间很短，上午10点开始，10点半就结束了。

怎样才能合理安排好时间，不走重复的路线，又能满足所有人的需求呢？

我们可以把这些要去的地点换成简单的点来表示，而前往的路线则换成线段。这样不就可以一目了然了吗！

我把大家的需求用字母来标注一下，为明天做好准备。
A：集合地点
B：农家采摘乐园
C：现代摄影展（备注：时间10点～10点半）
D：金台夕照（备注：时间傍晚）
E：模型互动展厅、自助餐厅、观光车（备注：时间10点或14点有班车出发）

明白了，那我来重新规划一下线路吧。大家看行不行。

我们早上9点在A点集合出发，直接到开展半小时的C点参观现代摄影展，接下来前往E点的模型互动展厅，在餐厅吃完饭后坐14点的观光车去B点农家采摘乐园，最后前往D点金台夕照景点。

A—C—E—B—D

这样安排动静交替，还能兼顾到所有景点。不走回头路，不走冤枉路。我们这道题，只需要把图上的点在一定的时间顺序内，不重复地遍历；并不需要图上的每条边都遍历。著名的一笔画问题和这道题有点类似，但区别在于一笔画要求不重复地遍历图上的所有边，譬如经典的欧拉七桥问题。

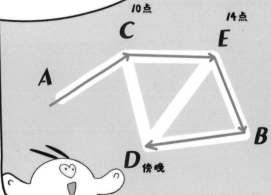

爆款饮品的调配——浓度问题

咱们能参加豌豆公主，不，是安迪公主的婚礼，真是太棒了！

她不仅改掉了一个称谓，还重新赢得了举国上下对她的认可！

作为见证者，我要给《豌豆公主》的童话续写新篇章！

音乐餐厅是安迪和王子的婚礼现场，大家可以听着舒缓优美的音乐，品尝各种美味的饮品。

我们要为婚礼调配最新饮品！

我在质量为300克，浓度为15%的糖水中，又加入50克水。我现在想知道，新糖水的浓度是多少？

可以将变化使用公式：

第一步：求出原来溶质（糖）的质量。
第二步：求出加溶剂（水）后的溶液为多少克。
第三步：两个数相除，商即为新糖水的浓度。

解：300 × 15% = 45（克）

45 ÷（300+50）= 45 ÷ 350 ≈ 0.13 = 13%

浓度就是溶质占溶液的百分比。
溶质：能够被溶剂溶解的物质，如糖、盐。
溶剂：用于溶解溶质的物质，如水。
溶液：溶质与溶剂共同组成的混合物，如糖水、盐水。
浓度 = 溶质质量 ÷ 溶液质量 × 100%

图书在版编目（CIP）数据

绕不开的数学常识. 统计与概率 / 韩明编著 ; 张龙腾绘. —— 北京 : 电子工业出版社, 2024.1

（超级涨知识）

ISBN 978-7-121-47089-9

Ⅰ.①绕… Ⅱ.①韩… ②张… Ⅲ.①数学－少儿读物 Ⅳ.①O1-49

中国国家版本馆CIP数据核字（2024）第022941号

责任编辑：季　萌
印　　刷：当纳利（广东）印务有限公司
装　　订：当纳利（广东）印务有限公司
出版发行：电子工业出版社
　　　　　北京市海淀区万寿路173信箱　邮编：100036
开　　本：889×1194　1/20　印张：13.3　字数：345.8千字
版　　次：2024年1月第1版
印　　次：2024年1月第1次印刷
定　　价：138.00元（全6册）

凡所购买电子工业出版社图书有缺损问题，请向购买书店调换。若书店售缺，请与本社发行部联系，联系及邮购电话：（010）88254888，88258888。

质量投诉请发邮件至zlts@phei.com.cn，盗版侵权举报请发邮件至dbqq@phei.com.cn。

本书咨询联系方式：（010）88254161转1860，jimeng@phei.com.cn。